들어가기에 앞서

본 자료는
미항공우주국(NASA)의 항공우주과학교육교재를 토대로 새롭게 구성한 과학교육자료로 초/중등 교육자가 청소년들에게 과학교육을 위해 활용할 수 있도록 제작되었습니다.
※ 본 교육자료의 저작권 교육과학기술부, 한국항공우주연구원에 있으며 비상업적인 교육 목적에 한하여 사용가능합니다.

초등용 우주과학

목차

단원 1 ┃ 무중력 이야기
- 교실에서 만나는 마이크로 중력 ········ 08
- 가속도 측정하기 ········ 20
- 중력과 유체의 흐름 ········ 29
- 표면장력과 유체의 흐름 ········ 41
- 표면장력과 온도 ········ 51
- 양초의 불꽃 ········ 57

단원 2 ┃ 우주생물
- 외계인의 존재 ········ 69
- 생명체의 특성 ········ 71
- 생명체의 생존 조건 ········ 76
- 미생물 ········ 79
- 태양계 내의 다른 행성에도 생명체가 존재할까? ··· 82

단원 3 ┃ 우주복
- 유성체와 우주먼지 ········ 95
- 차갑게 유지하기 ········ 105
- 흡수와 방사 ········ 114
- 압력과 우주복 ········ 119

단원 4 ┃ 우주음식
- 우주 음식 선택 ········ 127
- 음식 계획 및 제공 ········ 134
- 과일과 채소 익히기 ········ 138
- 음식 쓰레기의 양 ········ 140

1. 무중력 이야기

1 단원 소개

본 단원은 간단한 재료와 기구를 사용한 다양한 교실 활동을 통해 마이크로 중력을 이해하도록 구성하였다. 1차시는 다양한 자유낙하 실험을 통해 마이크로 중력의 원리를 알아본다. 2차시는 가속도계를 제작하고 측정해 보는 활동을 해본다. 3차시는 용액의 중력에 따른 유체의 흐름, 4차시는 표면 장력에 따른 유체의 흐름, 5차시에서는 표면장력에 영향을 주는 온도에 관해 알아본다. 6차시는 중력이 있는 상태와 자유낙하상태에서의 양초의 불꽃 특성을 비교 관찰하는 활동이다.

2 주제 안내

순	주 제	대상학년	소요시간
1	교실에서 만나는 마이크로중력	5~6학년	60분
2	가속도 측정하기	6학년	60분
3	중력에 따른 흐름	5~6학년	60분
4	표면장력에 따른 흐름	5~6학년	60분
5	표면장력에 영향을 주는 온도	5~6학년	60분
6	양초의 불꽃	5~6학년	60분

3 지도상 유의점

우주환경의 마이크로 중력에 관한 이야기와 활동에 사용되는 내용이나 개념이 초등학생 저학년에게 이해시키기에는 다소 어려운 부분이 많다. 내용이나 활동의 수준을 교사가 조절하여 적용하도록 한다.

이 단원의 활동은 대부분 2~3명의 모둠을 단위로 활동을 하거나 시연을 하도록 교실 수업을 염두에 두고 구성되었다. 모둠의 구성은 각 실험의 내용이나 토의 내용에 따라

교사 재량으로 구성할 수 있다. 모둠을 미리 만들어 그룹별로 재료를 나누어주고 활동할 수 있도록 안내해준다.

　차시 활동에 제시된 배경 지식은 교사가 수업 전에 반드시 읽어 보는 것이 바람직하며 이해를 위해 다양한 사례를 제시해주도록 한다.

4 배경 지식

1. 마이크로 중력이란?

　우주선 내부 사진들을 보면 승무원들이 우주에서 떠다니는 것처럼 보인다. 그 이유는 무엇일까? 많은 사람들은 우주에 중력이 없기 때문이라고 생각한다. 또는, 지구와 달의 중력이 각각의 방향에서 우주 비행사를 끌어당기기 때문에 서로 상쇄되기 때문이라고 생각한다. 그러나 우주비행사들이 이렇게 떠다니는 것처럼 보이는 진짜 이유는 그들이 지구 주위에서 자유낙하 상태에 있기 때문이다. 자유낙하 상태에 있기 때문이라니? 잘 이해가 되지 않는다면 다음 이야기를 들어보자.

 어떻게 우주선이 지구 주위를 돌 수 있을까?

　만약 중력이 없다면 지구에서 쏘아 올린 우주선은 우주공간으로 곧장 날아가 버릴 것이다. 그러나 지구의 중력이 우주선을 잡아당기고 있다. 결국 우주선이 발사되는 추진력과 중력이 서로 균형을 이루어 우주선의 경로는 휘어지게 된다. 이 때 둥근 지구의 표면과 평행한 운동을 하면서 곡선을 그리며 지구 주위를 회전하게 되는 것이다. 이것이 바로 우주 왕복선이 궤도를 이탈하지 않고 그 궤도를 따라 지구 주위를 회전할 수 있는 원리이다.

왜 우주비행사는 우주에 떠 있는 것처럼 보일까?

　앞에서 설명한 바와 같이 우주선이 지구 주위를 돌기 위해서 지구의 중력과 우주선의 추진력이 있어야만 한다는 사실을 알았다. 우주 공간에서도 지구의 중력이 작용한다. 이런 사실이 우주비행사와 우주선 내부의 물건들이 떠다니는 것처럼 보이는 것과 무슨 관계가 있을까? 바로 우주왕복선 궤도를 선회하는 우주선은 지구로 계속 낙하하

고 있다는 사실이다. 우주선이 낙하하면서 그 안에 있는 모든 사물도 똑같이 움직인다. 우주선과 그 안에 타고 있는 우주비행사와 우주선 내부 구성물(음식, 장비, 카메라 등)이 모두 함께 낙하하므로 이들 모두가 둥둥 떠 있는 것처럼 보이는 것이다.

마이크로중력이란?

우주 왕복선이 지구 주위를 돌고 있고, 우주 비행사들이 둥둥 떠다니는 것을 가리켜 자유 낙하, 무중력 상태, 제로 중력, 마이크로중력 등 여러 가지로 부른다. 무중력 및 제로중력은 우주에서 중력이 사라진다는 뜻이므로 정확한 표현은 아니다. 앞에서 우주공간의 떠다니는 효과를 설명하면서 '자유낙하'라는 용어를 사용했지만 우주 과학자들은 이보다 '마이크로중력'이라는 말을 더 선호한다. 왜냐하면 마이크로중력은 낙하 물체와 상관없이 궤도에서 경험할 수 있는 아주 작은 가속도를 포함하고 있는 개념이기 때문이다. 마이크로중력이란 자유 낙하로 인해서 만들어지는 환경이다. 이는 물체의 겉보기 무게가 중력 때문에 실제 무게보다 작아지는 것을 말한다. 이 때문에 물체가 무게가 없는 것처럼 보이고 떠 있는 것처럼 보이는 것이다. 마이크로중력의 접두사 마이크로(micro)는 작다는 의미의 그리스어 미크로스에서 비롯되었다.

마이크로중력의 환경을 이해하기 위해서 아래와 같이 정지된 승강기 안에 있는 저울 위에 올라 서 있다고 가정해 보자.

정지 상태에 있는 승강기에 탑승한 사람은 정상 무게를 경험하게 된다.

바로 옆 오른쪽 승강기에서는 겉보기 무게는 약간 증가하는데, 이는 위 방향으로 향하는 가속도 때문이다.

이는 정지해있던 승강기가 갑자기 위로 올라갈 때 승강기는 위방향으로 속력이 증가하는 가속도 운동을 하지만 탑승한 사람은 현재의 운동상태를 유지하려는 관성에 의해 겉보기 무게가 증가한다. 그 옆 승강기는 반대 상황이다. 마지막 오른쪽 그림은 맨 위층에서 승강기를 지탱하는 케이블이 끊어져 승강기와 탑승자가 지상으로 추락하는 그림이다. 승강기, 저울, 탑승자 모두 아래로 똑같은 가속도가 붙어 같은 속도로 떨어진다. 이때는 무게가 사라져 측정이 되지 않는다. 만약 탑승자가 승강기 바닥

에서 두 발을 떼 위로 올린다면 승강기 안에서 뜰 수 있다. 바로 이때가 마이크로중력 환경이다.

마이크로중력을 만드는 방법

첫 번째는 중력은 지구 중심에서 멀어질수록 감소하므로 지구에서 멀리 떨어진 곳에 가보면 중력이 대단히 작아진다. 그러나 이 방법은 비현실적이다. 우리 인류는 아직 지구에서 달보다 먼 거리를 여행해보지 못했기 때문이다. 두 번째는 자유낙하를 이용해 마이크로중력의 정의에 걸맞은 마이크로중력 환경을 만드는 것이다. 앞서 승강기의 예시에서 설명한 바와 같이 중력의 영향(겉보기 무게)은 물체(사람, 물건, 실험 장치)를 자유낙하 상태로 만들어 쉽게 제거할 수 있다.

낙하시설

연구자들은 승강기와 유사한 첨단 시설을 이용해 마이크로중력 상태를 만들고 있다. NASA 루이스 연구 센터는 낙하 시설 2개를 보유하고 있는데, 하나는 수직 갱도와 비슷한 구멍으로 132m의 낙하 실험을 할 수 있는 곳이다. NASA의 기타 현장 센터 및 다른 나라에도 다양한 크기의 낙하 시설이 있다. 이 시설에서 낙하할 때 느낌은 놀이공원의 롤러코스터나 수영장의 다이빙 플랫폼에서 뛰어내릴 때의 경험과 비슷하다.

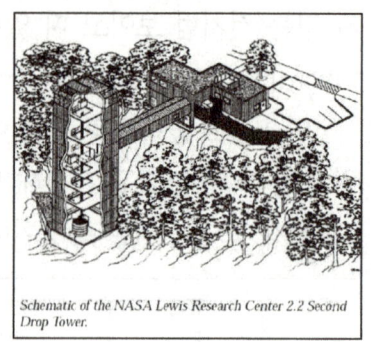

Schematic of the NASA Lewis Research Center 2.2 Second Drop Tower.

항공기

마이크로 중력 환경은 비행기가 포물선 비행을 할 때 만들 수 있다. 비행기의 급상승 또는 급강하 한 후 수평 비행할 때 가속도를 경험한다. 비행 시 느끼는 중력 저감 상태는 롤러코스터의 가장 높은 곳에서 떨어질 때에도 경험할 수 있다.

로켓

탐사 로켓을 사용해 몇 분간 중력이 작은 상태를 만들 수 있다. 로켓이 궤도에 도달하지 않은 상태에서 포물선 경로를 따라 비행하다가 연료를 다 사용한 후 대기에 진입하기 직전에 중력이 작은 상태가 발생한다. 대부분의 사람들은 로켓이 발사한 후 가속도로 인해 속도가

계속 증가한 후 나타날 수 있는 자유낙하를 경험할 기회가 없다. 그러나 도약판 위의 다이빙 선수는 다이빙할 때 자기 몸이 공중으로 떠서 물에 입수할 때까지 이러한 마이크로중력 상태를 경험하게 된다고 한다.

마이크로중력 환경에서 실험하는 이유는?

우리는 중력 현상을 매일 경험하고 있다. 무언가를 위에서 떨어뜨리면 지면을 향해 낙하한다. 물이 들어 있는 그릇 안의 돌을 손에서 놓으면 바닥에 가라앉는다. 다른 중력 현상도 매일 규칙적으로 경험하지만 그런 현상이 중력 때문에 작용한다는 사실을 매번 떠올리지는 않는다.

 무중력 이야기

교실에서 만나는 마이크로중력

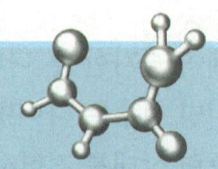

놀이공원의 자이로드롭이나 롤러코스터를 타면서 붕 떠있는 짜릿한 느낌을 다들 한 번쯤은 경험했을 것이다. 이 짜릿한 느낌이 바로 자유낙하 상태에서 경험하는 마이크로중력이다. 마이크로중력이란 겉보기 무게가 실제보다 작아지는 상태로, 자유낙하 상태에서 중력의 영향(겉보기 무게)을 쉽게 제거할 수가 있다. 여기에서는 간단한 몇 가지 실험들을 통해 이러한 자유낙하 상태의 마이크로중력을 이해하도록 한다.

 학습목표

다양한 물체를 떨어뜨려 마이크로중력이 어떻게 만들어지는지 이해할 수 있다.

 해당학년 : 5~6학년　　 **소요시간 :** 60분

 이것이 필요해요

실험1: 낙하장치(특별 지침 참조), 작고 둥근 풍선, 끈, 베개 또는 의자 쿠션
실험2: 플라스틱 컵, 평평한 쟁반(테두리가 최소한 한쪽이라도 없는 것), 양동이, 물, 수건
실험3: 빈 알루미늄 캔, 못, 양동이, 물, 수건
※ 비디오 촬영을 준비한다면 카메라를 준비해 촬영 할 수 있도록 한다.

 이렇게 준비해요

- 물건을 떨어뜨리는 실험이므로 주변에 장애물이 없도록 한다.
- 물이 필요한 활동에서는 실수로 쏟았을 때 닦아낼 수 있는 대걸레, 스폰지 또는 종이 타월을 준비하도록 한다.

 핵심단어

자유낙하 : 중력장에서 낙하하는 물체의 상태
중력 : 물체를 지구 방향으로 끌어당기는 힘
무게 : 중력이 당기는 힘의 크기

겉보기 무게 : 물체에 작용하는 최종 힘의 크기
마이크로중력 : 자유 낙하 상태에서 겉보기 무게가 실제보다 작아지는 현상으로 물체가 무게가 없는 것처럼 보이게 하는 것

활동 내용

1 미리 준비하기
- 모둠별로 활동할 수 있도록 모둠별로 재료를 미리 준비한다.

2 문제 확인하기
- 이 활동에 제시된 세 가지 자유 낙하 실험을 통해 마이크로 중력이 어떻게 만들어지는지 알아보는 활동이다.

실험1 : 낙하중추기구에 풍선을 달고 떨어뜨리면 풍선은 어떻게 될까요?
실험2 : 컵에 물을 담고 컵 위에 평평한 쟁반을 얹은 후 뒤집은 다음, 천천히 평평한 쟁반을 잡아당길 때와 재빨리 평평한 쟁반을 잡아당길 때 컵 속의 물은 어떻게 될까요?
실험3 : 음료수 캔 바닥에 구멍을 뚫고 물을 채운 후 정지했을 때와 떨어뜨릴 때 물은 어떻게 흐를까요?

3 예상하기
- 사전 지식을 활용하여 실험 결과가 어떻게 될지 학생들 각자 또는 모둠별로 가설을 세워보도록 한다.
  실험1: 풍선은 _____
  실험2: ①평평한 쟁반을 천천히 잡아당기면 컵 속의 물은 _____
         ②평평한 쟁반을 빠르게 잡아당기면 컵 속의 물은 _____
  실험3: ①음료수 캔이 정지해 있을 때 물은 _____
         ②음료수 캔을 떨어뜨릴 때 물은 _____

4 절차
[실험1-풍선이 펑!]
- 풍선을 불어 짧은 끈으로 풍선 끝 부분을 묶는다. 직접 만든 낙하 중추 기구의 구멍에 끈을 통과시켜 그 안으로 풍선 끝 부분을 잡아당기고 장치 윗부분에 테이프로 붙인다.
- 바닥에 베개나 방석을 놓아둔다.
- 장치를 떨어뜨리기 전에 학생들과 토의해 가능한 결과를 예상해 보도록 한다.
  - 추가 달린 고무 밴드에 손을 대지 않고 풍선을 터뜨리려면 어떻게 해야 할까?
  - 학생들에게 장치를 떨어뜨리면 어떤 일이 일어날 것인지 예측하도록 한다.
- 베개나 방석 위 어깨 높이에서 틀을 잡고 방석에 모든 낙하 장치를 떨어뜨린다.

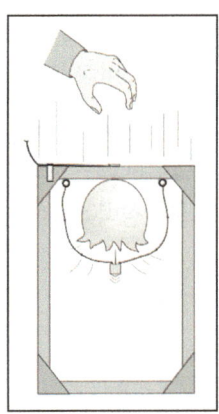

[실험2-떨어지는 물]

- 양동이를 교실의 빈 공간 중앙에 놓는다.
- 컵에 물을 채운 후 평평한 쟁반을 컵 위에 올려놓는다.
  평평한 쟁반과 컵을 뒤집으면서 컵이 평평한 쟁반에 밀착하게 누른다.
- 평평한 쟁반과 컵을 양동이 위로 높이 자리 잡는다.
 - 튼튼한 탁자 위에 서거나 사다리에 올라가 컵을 더 높은 곳에 올린 상태에서 할 수도 있다.
- 평평한 쟁반을 수평 방향으로 놓고 컵을 천천히 빼면서 어떤 일이 일어나는지 관찰한다.
- 컵에 물을 다시 채우고 평평한 쟁반 위에 뒤집는다.
- 컵 아래에서 평평한 쟁반을 수평 방향으로 빨리 잡아당겨 컵과 물이 떨어지는 것을 관찰한다.
- (선택 사항) 컵의 낙하를 동영상으로 촬영 후, 장면별로 재생하여 물에 어떤 일이 일어나는지 관찰한다.

[실험3-캔 던지기]

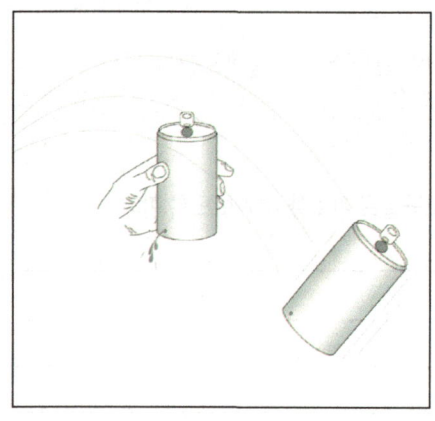

- 빈 음료수 캔 바닥 근처에 못으로 작은 구멍을 뚫는다.
- 엄지손가락으로 구멍을 막아 캔에 물을 채운다.
  양동이 위에서 캔을 잡은 상태에서 엄지손가락을 떼 물이 캔에서 떨어지는 모습을 관찰한다.
- 구멍을 다시 막고 양동이에서 약 2미터 뒤에 선다.
  캔이 회전하지 않도록 주의하면서 공중에서 양동이로 캔을 던진다. 캔이 공중에서 떨어지는 동안 관찰한다.
- (선택 사항) 컵의 낙하를 동영상으로 촬영 후, 장면별로 재생하여 물에 어떤 일이 일어 나는지 관찰한다.

5 실험결과 토의 및 결론
[실험1-풍선이 펑!]

- **결과** : 손을 놓는 직후 풍선이 터진다.
- **결론** : 낙하 중 추기구가 정지한 상태에서 추가 고무 밴드를 잡아당겨 바닥 가까이에 매달리게 된다.
  그러나 낙하 장치를 떨어뜨리면 기구 전체는 자유낙하 상태가 된다.
  자유낙하로 만들어진 마이크로중력으로 인해 고무 밴드에 가해지는 추의 힘이 사라진다.
  늘어진 고무 밴드에의 장력에 대항하는 추의 힘이 사라지면서, 고무 밴드의 잡아당기는 힘만 남게 된다.
  결국 장력에 의해 당겨져 튕겨 오르면서 추에 달린 바늘에 의해 풍선은 터지게 된다.

[실험2-떨어지는 물]

- **결과** : 컵을 평평한 쟁반 가장자리 위로 천천히 밀면 물이 쏟아진다. 하지만 평평한 쟁반을 재빨리 당겨 빼내면 컵과 물 모두 동시에 떨어진다.
- **결론** : 공기압과 표면 장력은 컵이 평평한 쟁반에서 뒤집어지는 동안 컵 가장자리 주위에서 물이 새지 않도록 해준다. 컵을 평평한 쟁반 가장자리 위로 천천히 밀면 물의 무게, 즉 중력이 표면장력보다 크기 때문에 물이 쏟아지게 되는 것이다. 그러나 재빨리 평평한 쟁반을 잡아당기면 컵과 물이 함께 떨어지게 된다.

  중력에 의해 같은 크기의 가속도로 컵과 컵 속에 담긴 물 둘 다 아래로 떨어지기 때문이다. 이 때 컵에 물이 남아 있지만 물의 낮은 쪽 표면이 불룩한 모양이 된다.

  표면 장력은 액체를 구체 모양으로 당기는 경향이 있다.

  액체가 정지 상태에 있으면 중력이 표면 장력을 압도하여 아래쪽으로 당기게 되므로 물방울이 퍼지게 된다. 그러나 자유낙하에서 중력의 영향은 상당히 감소하며 표면 장력은 컵 속의 물을 구형으로 당기게 되므로 볼록한 모양이 되는 것이다.

[실험3-캔 던지기]

- **결과** : 캔이 정지한 경우 물은 작은 구멍에서 쉽게 흘러나와 집수구에 떨어진다. 캔을 던지면 물은 캔 속에 남아 구멍으로 흐르지 않는다.
- **결론** : 캔을 던지면 캔과 그 내용물에 대한 중력의 영향은 일반적으로 감소하여 비슷한 가속도로 움직이게 된다. 전체 낙하 과정 동안 물과 캔은 같이 움직이면서 결국 물은 캔 속에 남게 된다.

평가

- 마이크로중력이 무엇인지 한두 문장으로 적고, 실험했던 것을 예로 들어 자유낙하가 어떻게 마이크로 중력을 만드는지 설명하도록 한다.
- 모둠별로 결과를 토대로 결론을 적어 완성한 학습지를 제출하게 한다.

심화학습

- 시연 활동을 동영상으로 촬영한 후 한 장면씩 재생한다.

  일정 시간을 단위로 끊어서 재생하거나 느리게 화면을 재생하면 물체가 떨어지면서 나타나는 현상
  (풍선이 터지는 순간, 컵과 물의 상태 등)을 자세히 관찰 할 수 있다.
- 낙하 중추 기구의 고무 밴드를 무거운 끈으로 교체한 뒤 같은 방법으로 이 기구를 떨어뜨려 풍선이 터지는지 본다. 두 낙하의 결과를 비교한다.
- 장치가 떨어질 때 바늘이 풍선을 터뜨리지 않을 것이다. 끈은 고무 밴드처럼 반동하지 않을 것이기 때문이다. 추의 중력이 사라지더라도 끈은 추를 튕겨 오르게 할 만한 장력을 가지고 있지 않다.
- 급격하게 떨어지는 구간이 있는 롤러코스터와 다른 놀이 기구가 있는 놀이 공원으로 마이크로 중력 과학 현장

 무중력 이야기

학습을 떠난다.
일반적인 롤러코스터에서는 승객들이 정상 g(중력), 마이크로중력, 고중력과 역중력을 경험한다.

 지도상 유의점

- 낙하중추기구 실험을 할 때 반드시 나무 틀 상단의 중간 부분을 잡도록 하고, 추와 바늘이 몸 쪽으로 튀는 경우가 있으므로 팔 길이만큼 앞으로 내밀어 떨어뜨리도록 한다.
- 첫 번째 시연 후 다른 활동을 시도하기 전에 학생들이 마이크로중력이라는 제목의 학생용 읽기 교재를 읽도록 한다.
- 두 번째와 세 번째 시연은 교사나 일부 학생들만 시범적으로 실시할 수도 있다.
  한 학생이 떨어뜨리거나 던지는 활동을 하고 다른 학생들은 어떤 일이 일어나는지 관찰한다.
  학생들이 돌아가면서 관찰하도록 한다.

풍선이 펑!

학년   반
이름

낙하중추기구에 풍선을 달고 떨어뜨리면 풍선은 어떻게 될까요?

놀이동산에 가면 무서워하면서도 꼭 타게 되는 롤러코스터나 자이로드롭!
한 순간에 아래로 훅 떨어지면서 짜릿한 기분을 느끼게 되지요?
혹시 아직 놀이동산에서 이 경험을 못 했다면 엘리베이터를 탔을 때를 생각해보세요. 고층에서 아래층으로 내려가는 순간 약하게나마 붕~뜨는 느낌을 경험했을 거예요. 그 순간 여러분은 우주공간에서 우주비행사들이 느끼는 마이크로중력을 경험한 거랍니다. 마이크로중력은 교실에서도 간단한 실험을 통해 만날 수 있어요.

이것이 필요해요

낙하 장치, 작고 둥근 풍선, 끈, 베개 또는 의자 쿠션

핵심단어

자유낙하 : 중력장에서 ⬜⬜⬜ 하는 물체의 상태
⬜⬜⬜ : 물체를 지구 쪽으로 끌어당기는 힘
마이크로중력 : 자유낙하 상태에서 겉보기 무게가 실제보다 (커지는, 작아지는) 현상으로 물체가 무게가 없는 것처럼 보이는 것

예상하기

풍선은 _____

활동순서

① 풍선을 불어 짧은 끈으로 풍선 끝 부분을 묶는다.
② 구멍에 끈을 관통시켜 그 안으로 풍선 끝 부분을 잡아당긴다.
③ 끈을 넉넉히 당겨 틀 상단에 테이프로 붙인다.
④ 바닥에 베개나 방석을 놓아둔다.
⑤ 베개나 방석 위 어깨 높이에서 틀을 잡고 떨어뜨린다.

 **활동 결과 및 결론**

① 풍선이 터졌나요? 터졌다면 즉시 터졌나요, 아니면 장치가 바닥을 칠 때 터졌나요?

② 왜 풍선이 터졌는지 이유를 생각해봅시다.

떨어지는 물

학년   반
이름

컵에 물을 담고 컵 위에 평평한 쟁반을 얹은 후 뒤집은 다음, 천천히 평평한 쟁반을 잡아당길 때와 재빨리 평평한 쟁반을 잡아당길 때 컵 속의 물은 어떻게 될까요?

식탁에 물을 담은 음료수를 놓고 식탁보를 재빠르게 잡아당기면 물이 하나도 쏟아지지 않은 상태 그대로 있는 것을 경험하거나 보았을 거예요.
이번 활동에서는 물을 담고 있는 컵을 뒤집은 다음 동시에 받침을 빼면 어떻게 되는지 관찰하게 됩니다. 과연 컵 속에 담긴 물은 어떻게 될까요?

이것이 필요해요

플라스틱 컵, 평평한 쟁반(테두리가 최소한 한쪽이라도 없는 것), 양동이, 물, 수건

예상하기

① 평평한 쟁반을 천천히 잡아당기면 컵 속의 물은 _____
② 평평한 쟁반을 빠르게 잡아당기면 컵 속의 물은 _____

활동순서

① 양동이를 교실의 빈 공간에 놓는다.(실외에서 실험을 할 수도 있다.)
② 컵에 물을 채운다.
③ 평평한 쟁반을 컵 위에 올려놓는다. 종이와 컵을 뒤집으면서 컵이 종이에 밀착하게 누른다.
④ 평평한 쟁반과 컵을 양동이 위로 높이 잡는다.
⑤ 평평한 쟁반을 수평으로 유지하면서 평평한 쟁반의 가장자리에서 컵을 천천히 미끄러뜨려 어떤 일이 일어나는지 관찰한다.
⑥ 컵에 물을 다시 채우고 평평한 쟁반 위에 뒤집고 컵 아래에서 평평한 쟁반을 직선으로 빨리 잡아 당겨 컵과 물이 떨어지는 것을 관찰한다.

 **활동 결과 및 결론**

① 평평한 쟁반을 수평으로 유지하면서 평평한 쟁반의 가장자리에서 컵을 천천히 미끄러뜨리면 어떤 일이 일어났나요?

② 그 이유는 무엇인지 생각해봅시다.

③ 컵 아래에서 평평한 쟁반을 직선으로 빨리 잡아당기면 어떤 일이 일어났나요?

④ 그 이유가 무엇인지 생각해봅시다.

캔 던지기

학년　반
이름

도전과제

<u>음료수 캔 바닥에 구멍을 뚫고 물을 채운 후 떨어뜨리면 물은 어떻게 흐를까요?</u>
캔의 바닥에 구멍을 뚫으면 그 구멍으로 음료수가 줄줄 흐르게 되겠죠? 그런데 구멍이 있는데도 음료수가 새지 않게 하는 방법이 있답니다. 바로 자유낙하를 이용한 마이크로중력 상태를 만드는 거예요. 마이크로중력 상태의 우주공간에서는 아무리 구멍을 뚫어도 음료수가 새는 일은 아마도 없겠죠?

이것이 필요해요

빈 알루미늄 캔, 못, 양동이, 물, 수건

예상하기

① 음료수 캔이 정지해 있을 때 물은 _____
② 음료수 캔을 떨어뜨릴 때 물은 _____

활동순서

① 빈 음료수 캔 바닥 근처에 못으로 작은 구멍을 뚫고, 엄지손가락으로 막아 캔에 물을 채운다.
② 양동이 위에서 캔을 잡은 상태에서 엄지손가락을 떼 물이 캔에서 떨어지는 모습을 보여준다.
③ 구멍을 다시 막고 양동이에서 약 2미터 뒤에 선다.
　캔이 회전하지 않도록 주의하면서 공중에서 양동이로 캔을 던진다. 캔이 공중에서 떨어지는 동안 관찰한다.
④ (선택 사항) 컵을 던지는 모습을 비디오테이프로 녹화하고 테이프를 장면별로 재생하여 캔의 구멍을 관찰한다.

 **활동 결과 및 결론**

① 캔이 정지한 상태에서 물은 작은 구멍에서 어떻게 흘렀나요?

② 캔을 던지는 경우 물은 어떻게 되었나요?

③ 그 이유가 무엇인지 생각해봅시다.

 읽을 거리

마이크로중력 이야기

마이크로중력의 환경을 이해하기 위해서 위와 같이 정지된 승강기 안에 있는 저울 위에 올라 서 있다고 생각해봅시다.

정지 상태에 있는 승강기에 탑승한 사람은 바깥에 있는 것과 똑같습니다. 두 번째 그림처럼 승강기가 갑자기 위로 올라가면 그 순간 몸이 아래도 눌리는 느낌이 나지요? 이는 정지해있던 승강기가 갑자기 위로 올라갈 때 승강기는 위방향으로 속력이 증가하는 가속도 운동을 하지만 탑승한 사람은 현재의 운동상태를 유지하려는 관성에 의해 겉보기 무

게가 증가한다. 반대로 세 번째 그림처럼 고층에서 아래로 내려가는 순간은 몸이 붕 뜨거나 가벼워지는 느낌이 납니다. 아래 방향으로 향하는 가속도 때문에 겉보기 무게가 감소하기 때문이에요. 마지막 그림처럼 맨 위층에서 승강기를 지탱하는 케이블이 끊어져 승강기와 탑승자가 지상으로 추락한다면? 승강기, 저울, 탑승자 모두 아래로 가속도가 붙어 같은 속도로 떨어지게 되기 때문에 탑승자는 엘리베이터 안에 떠 있는 느낌을 받게 됩니다. 만약 탑승자가 승강기 바닥에서 두 발을 떼 위로 올린다면 승강기 안에서 뜰 수 있어요. 이때가 바로 마이크로중력 상태랍니다. 바닥에 닿기 전까지는 아주 재미있는 놀이가 될 거예요. 그러니 승강기의 케이블의 줄이 끊어지기를 바란다면 큰일납니다! 대신에 놀이동산으로 가세요., 롤러코스터를 타면서 같은 경험을 할 수 있을 겁니다.

 **특별지침 _ 낙하 장치 만들기**

이것이 필요해요

나무 4조각 (40 × 5 × 2.5cm 2조각, 25 × 5 × 2.5cm 2조각), 나무 나사 4개 (#8번 또는#10번, 5cm), 0.6cm 합판의 모서리 보강 삼각자 8개, 본드, 나사 눈 2개, 고무 밴드 4~6개, 170g짜리 낚시 추 1개 또는 가벼운 낚시 추를 함께 붙인 것 여러 개, 긴 재봉 바늘, 끈, 드릴, 1.25cm 비트 및 나무 나사의 길잡이 구멍용 비트, 드라이버 (선택 사항 – 낚시 추를 지지하는 끈으로 두 번째 틀을 만든다.)

 제작순서

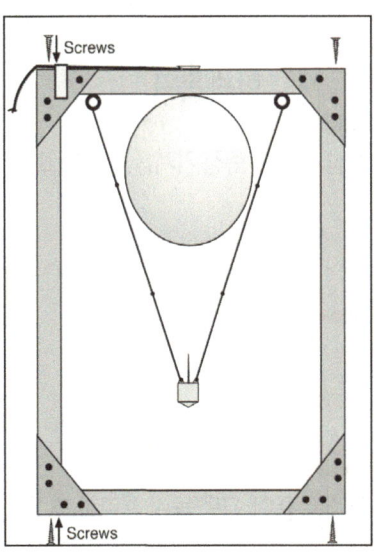

① 그림에 표시한 것처럼 직사각형 지지 틀을 조립한다.
  나사용 길잡이 구멍(pilot hole)을 뚫고 나사로 조이기 전에 틀 조각에 접착제를 반드시 바른다.
  삼각형 합판으로 각 모서리의 앞뒤를 보강하고 접착제를 발라 제자리에 고정한다.
② 상단 틀의 중심을 통해 지름 1.2cm의 구멍을 뚫는다.
  구멍에는 파편이 없도록 한다.
③ 그림에 표시한 것처럼 틀 상단의 아래쪽으로 두 개의 나사 눈 (screw eye)을 회전시켜 넣는다. 미리 눈의 금속 간격이 그 위로 고무 밴드를 넣을 수 있을 정도로 충분히 넓은지 확인한다. 좁다면 펜치로 간격을 약간 넓힌다.
④ 고무 밴드 3개를 함께 연결한 후 낚시 추의 금속 고리를 관통시켜 한쪽 끝을 고리로 만든다.
⑤ 다른 3개의 고무 밴드를 이용해 똑같이 만든다. 낚시 추는 그림에 표시된 것처럼 틀의 바닥 부근에 그네처럼 아래로 매달려야 한다. 낚시 추가 꼭대기 부근에 매달려 있는 경우에는 고무 밴드가 아주 강해야 한다. 얇은 고무 밴드로 교체하고, 낚시 추가 바닥에 닿으면 고무 밴드를 몇 개 제거한다.
⑥ 끝을 위로 향하게 해 낚시 추에 바늘을 부착한다. 낚시 추의 설계에 따라 바늘을 부착하는 방법은 여러 가지가 있다. 낚싯줄에 부착할 고리가 낚시 추에 있는 경우, 테이프를 이용해 고리 옆에 바늘을 고정한다. 또 다른 방법으로는 낚시 추 상단에 작은 구멍을 뚫어 바늘을 고정하는 것이 있다.

가속도 측정하기

　야구공을 높은 곳에서 떨어뜨리면 중력의 영향을 받아 떨어지는 속도가 점점 빨라진다. 이처럼 시간에 따라 속도가 증가하는 현상을 가속도라 하며 이는 중력에 의해 생긴다. 중력의 영향이 0에 가까운 경우인 마이크로 중력 상태에서 공을 떨어뜨리면 바닥에 떨어지기까지 긴 시간이 걸린다. 그러므로 가속도를 측정하는 활동은 마이크로중력을 이해하는데 도움이 될 것이다.

　가속도는 물체가 운동하면서 운동 방향이 얼마나 빠르게 바꾸는지 그리고 속도가 얼마나 변하는지에 따라 달라진다. 이 가속도 측정 기계는 고무 밴드에 매달린 추를 이용해 물체 이동의 변화를 감지하는 장치이다. 학생들에게 자신의 가속도 측정 기계를 이용해 다양한 형태의 가속도를 측정하도록 한다.

학습목표
직접 가속도 측정 기계를 제작하고 다양한 상황에서 가속도를 측정할 수 있다.

해당학년 : 6학년

소요시간 : 60분

이것이 필요해요
두꺼운 종이, 구멍 뚫린 계란형 추 3개, 마스킹 테이프, 고무 밴드, 소형 종이 클립 4개, 가위, 직선 자, 볼펜, 도안

이렇게 준비해요
- 포스터 보드 대신 오래된 파일 폴더로 대체할 수 있다.
- 학생들에게 보여줄 가속도 측정 기계를 미리 만든다.

핵심단어
가속도 : 속도가 변하는 비율

속 도 : 물체 운동의 속력 및 방향 위치가 시간에 따라 변하는 비율. 빠르기와 운동 방향을 포함함.
속 력 : 시간 경과에 따라 물체의 위치가 변한 정도, 빠르기
관 성 : 운동 상태의 변화에 저항하는 물체의 성질

활동 내용

1 미리 준비하기
- 가속도란 용어의 정의를 설명한다.
- 가속도란 물체가 움직이는 속도가 변하거나, 움직이는 방향이 변하는 것을 말한다.
- 실생활에서 경험할 수 있는 사례를 들어 설명한다.

<예1> 멈춰 있던 버스가 갑자기 움직이거나, 움직이던 버스가 갑자기 멈출 때 속도가 변하여 가속도가 변한다.
<예2> 버스를 타고 갈 때 갑자기 코너에서 급커브를 그리며 움직일 때 방향의 변화로 인해 가속도가 변한다.
<예3> 멈춰 있던 엘리베이터가 갑자기 움직이거나, 움직이던 엘리베이터가 갑자기 멈출 때 속도의 변화로 인해 가속도가 변한다.
<예4> 비행기가 이륙이나 착륙 할 때 속도의 변화로 인해 가속도가 변한다.

- 중력의 힘이 물체의 가속도를 만든다는 것을 이해시킨다.
- 지구의 높은 위치에서 야구공을 떨어뜨리면 야구공은 떨어질 때 중력으로 인해 공의 속도가 점점 빨라진다. 만약 지구 궤도의 우주 왕복선에서 같은 실험을 한다면 중력의 힘이 약하므로 같은 속도로 천천히 떨어지게 될 것이다.

- 학생들에게 미리 만든 가속도 측정 기계를 보여주며 설명한다.
  "이것은 이제 여러분이 만들게 될 가속도 측정 기계입니다. 이것과 같은 가속도 측정 기계를 만들어 정확한 수치가 나올 수 있도록 수정한 뒤 다양한 상황에서 가속도를 측정해 볼 거예요"

- 학생들에게 자신의 가속도 측정 기계를 이용해 다양한 가속도를 측정하게 한다.
- 장치를 던지거나 떨어뜨리면 낚시 추가 움직이지만 비율을 확인하기가 어렵다는 것을 알게 될 것이다.
- 학생들이 가속도 측정기계와 함께 뛴다면 더 가속도계를 읽기 쉽다.
  반드시 뛰어오르는 동안 가속도 측정 기계를 자기 얼굴 앞에 유지해야 한다.
- 가속도 측정 기계를 고속 엘리베이터 또는 놀이공원의 롤러코스터에 가지고 가서 측정해 보는 것도 좋은 방법이다.

2 문제 확인하기
- 이 활동은 가속도와 마이크로중력의 관계를 알아보는 활동이다.

- 가속도 측정 기계를 가지고 몇 차례 높이 뛰어 가속도 측정 기계를 실험했을 때 낚시 추의 위치에 어떤 일이 일어날까요?

3 예상하기
- 사전 지식을 활용하여 실험 결과가 어떻게 될지 학생들 각자 또는 모둠 별로 가설을 세워보도록 한다.
- 가속도 측정 기계를 가지고 몇 차례 허공으로 도약해 가속도계를 시험했을 때
  ① 뛰어오르는 동안 낚시 추는 _____
  ② 내려오는 동안 낚시 추는 _____

4 절차
- 가속도계를 제작한다.(특별지침 참조)
- 가속도계를 교정한다.
① 한쪽 끝에 가속도 측정 기계를 세우고 연필로 추의 가운데 옆 가속도계 한 면에 표시를 하고 1g로 구분한다.
② 소형 종이 클립을 고리로 이용해 첫 번째 추에 두 번째 추를 매단다. 다시 첫 번째 추 가운데를 가속도계에 표시하고 2g로 구분한다.
③ 세 번째 추로 이 단계를 반복한 다음 3g로 표시한다.
④ 여분의 추 두 개를 제거하고 반대편 끝에 가속도계를 세운다. 표시 절차를 반복해 -1g, -2g, -3g로 표시를 한다.
⑤ 1g와 -1g 사이 중간 지점을 표시하고 0g로 구분한다.

- 가속도 측정 기계를 이용해 다양한 가속도를 측정한다.

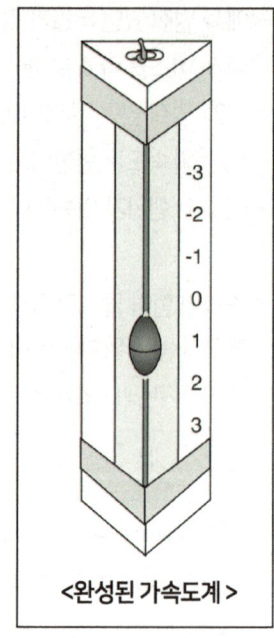

<완성된 가속도계>

5 실험결과 토의 및 결론
- **결과** : 가속도 측정 기계로 몇 차례 높이 뛰어 가속도계를 시험했을 때
  ① 뛰어오르는 동안 낚시 추는 아래로 이동하였다.
  ② 내려오는 동안 낚시 추는 위로 이동하였다.
- **결론** : 가속도 측정 기계의 추는 물체의 이동 변화를 감지하기 위한 것이다. 이것은 물체의 관성과 관계있다. 즉 가속도가 생겼을 때 물체는 관성에 의해 힘의 반대 방향으로 움직이게 되는데 이 원리를 이용하여 관성의 크기로 가속도의 크기를 측정하려는 장치이다. 높이 뛸 때 위로 향하는 가속도가 생기면서 추는 가속도의 방향과 반대 방향인 아래로 이동한다. 내려오는 동안은 아래로 향하는 가속도가 생기면서 추는 이와 반대 방향인 위로 이동한다.

평가

- 가속도와 중력간의 관계를 설명하고 마이크로중력을 정의하도록 한다.
- 모둠별 결과를 토대로 결론을 적어 완성한 학습지를 제출하게 한다.
- 각각의 가속도 측정 기계를 시험해 적절히 만들고 교정했는지 확인한다.

심화학습

- 가속도 측정기계를 놀이공원에 가져가 롤러코스터와 그 외 빠른 놀이 기구에 탑승해 가속도를 측정한다. 이 때 안내요원에게 미리 양해를 구한다.
- 우주 왕복선에서 직면하게 될 수도 있는 아주 약한 가속도를 측정하기 위해 어떤 방법으로 가속도 측정 기계를 재설계 할지 계획해보고 제작하도록 한다.

지도상 유의점

- 이 자료에는 가속도 측정 기계를 만들기 위한 도안이 포함되어 있다. 크기는 반드시 두 배로 확대해서 사용하도록 한다.
- 가속도 측정 기계 제작시 계란형 추 3개가 필요하다. 실제 가속도 계용으로는 1개만 필요하고 나머지 2개는 가속도계 교정용으로 사용하게 되는데, 팀끼리 공유할 수 있도록 한다.
- 가속도 측정 기계 제작 방법, 가속도계 교정 방법, 가속도계 도안을 미리 나누어 주도록 한다.
- 가속도 측정 기계의 추는 물체의 이동 변화를 감지하기 위한 것이라는 것을 이해하기 쉽게 설명 해야 한다. 즉 가속도계는 관성력을 측정하여 가속도의 크기를 알아보는 장치이다. 버스 속의 사람이나 엘리베이터 등을 예로 들어 설명하면 이해하기 쉬울 것이다.

 가속도계 제작하기

① 두꺼운 종이에 가속도계 도안을 그린 다음, 도안을 오려낸다.
② 자와 볼펜을 이용해 두꺼운 종이의 도안에 표시된 동일한 곳에 접는 선을 긋는다.
　선을 그을 때 세게 눌러 자국을 내면 접기 쉽다.
　두번째로 이 면을 접어 테이프로 고정한다.
　이 면을 먼저 접는다. 플랩 두 개는 안쪽에 있다.
③ 첫 번째 그림에 표시한 것처럼 두 개의 긴 면을 먼저 접는다. 먼저 덮개가 있는 왼쪽 면을 접고 다음으로 오른쪽 면을 접는다. 긴 삼각형이 만들어지면 테이프로 옆면을 함께 고정한다.
④ 한쪽 끝 삼각형에 작은 구멍을 뚫는다. 고무 밴드를 잘라 탄성 있는 기다란 줄을 하나 만들어 고무 밴드 한쪽 끝을 소형 종이 클립에 묶는다. 다른 쪽 끝은 구멍을 통해 관통시킨다.
⑤ 고무 밴드에 추를 놓고 다른 쪽 삼각형에 구멍을 뚫는다.
　고무 밴드를 당기면서 매듭을 짓지 않은 쪽 끝을 두 번째 구멍을 통과하도록 밀어 넣어 두 번째 종이 클립에 묶는다.
⑥ 창이 위로 향하도록 삼각형 상자를 옆으로 눕히고 추가 고무 밴드의 중앙에 오도록 놓는다.
　고무 밴드가 구멍에 들어가는 추 양 끝에 글루를 소량 바른다.
⑦ 고무 밴드가 상자 속으로 축 처지면 꼭 맞을 때까지 하나의 종이 클립 주위를 고무 밴드로 감고 테이프로 종이 클립을 제자리에 붙인다.
　다른 삼각형 끝의 제자리에 테이프를 붙인다.

> 이 면을 먼저 접는다. 플랩 두 개는 안쪽에 있다.

> 두번째로 이면을 접어 테이프로 고정한다.

> 고무 밴드와 추를 부착한 후 끝을 접는다. 각 끝에 있는 플랩 두 개를 바깥쪽으로 접는다. ⇨

 가속도계 교정하기

① 한쪽 끝에 가속도계를 세우고 연필로 추의 가운데 옆 가속도계 한 면에 표시를 하고 1g로 구분한다.
② 소형 종이 클립을 고리로 이용해 첫 번째 추에 두 번째 추를 매단다. 다시 첫 번째 추 가운데를 가속도계에 표시하고 2g로 구분한다.
③ 세 번째 추로 이 단계를 반복한 다음 3g로 표시한다.
④ 여분의 추 두 개를 제거하고 반대편 끝에 가속도계를 세운다. 표시 절차를 반복해 -1g, -2g, -3g로 표시를 한다.
⑤ 1g와 -1g 사이 중간 지점을 표시하고 0g로 구분한다.

가속도계 도안

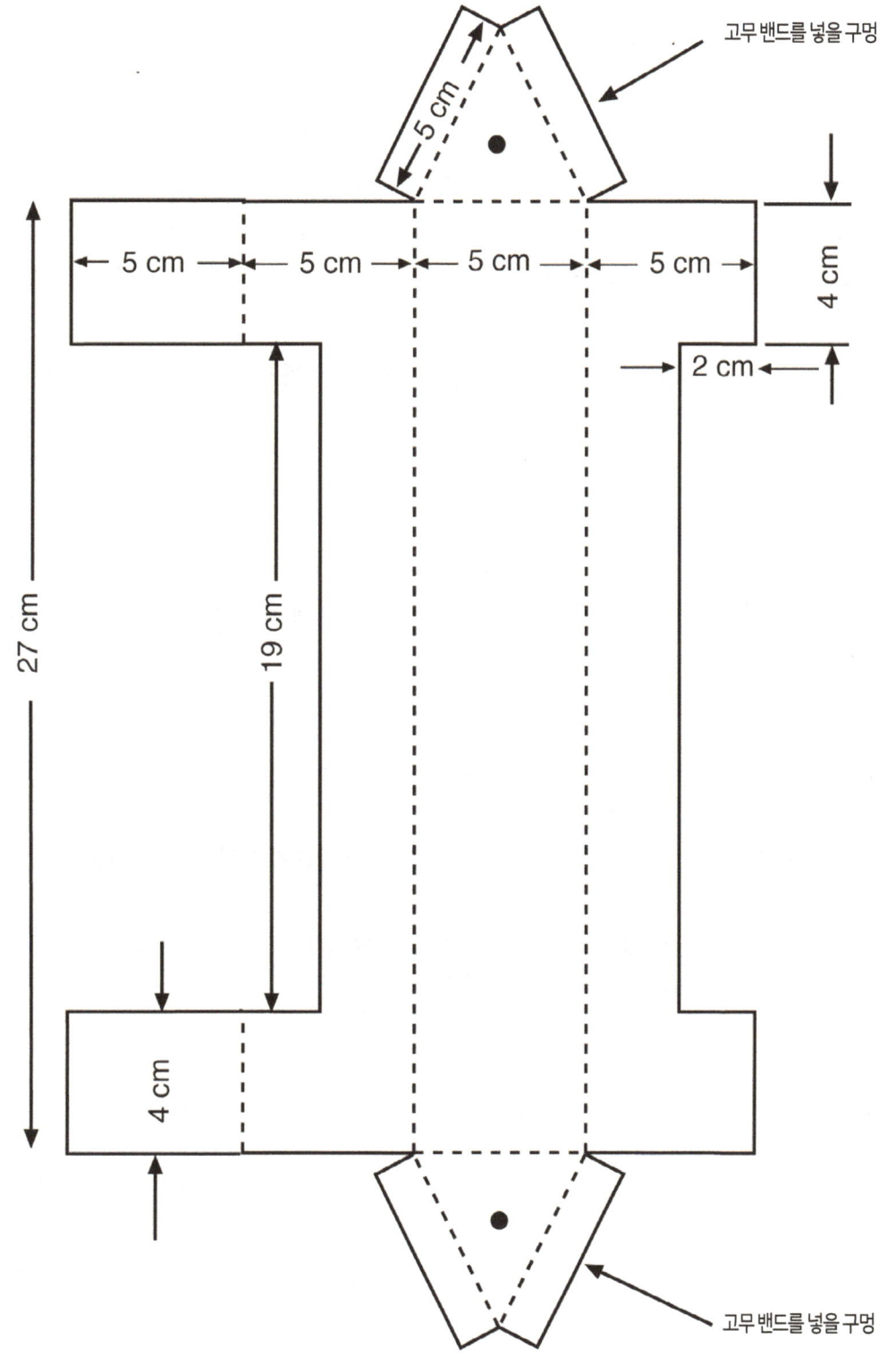

무중력 이야기

가속도 측정하기

학년   반
이름

도전 과제

<u>가속도계를 가지고 몇 차례 높이 뛰어 가속도계를 시험 했을 때 낚시 추의 위치에 어떤 일이 일어날까요?</u>

달리는 버스에서 갑자기 멈추었을 때 몸이 앞으로 쏠리고, 멈춘 버스가 다시 달리기 시작하는 순간 몸이 뒤로 쏠리는 경험을 해 보셨나요? 이것은 가속도가 생기면서 물체가 현재의 운동상태를 유지하려는 관성의 법칙이 작용했기 때문입니다. 가속도는 중력 때문에 생기는데 우주의 마이크로중력 환경에서는 당연히 가속도가 작아지겠지요?
우리가 과학자가 되어 직접 가속도계도 만들고 운동하는 동안 얼마나 가속도가 변하는지 측정해보면 어떨까요?

이것이 필요해요

두꺼운 종이, 구멍 뚫린 계란형 추 3개, 마스킹 테이프, 고무 밴드, 소형 종이 클립 4개, 가위, 직선자, 볼펜, 도안

핵심단어

가속도 : ☐ 가 변하는 비율
속 도 : 물체 운동의 ☐ 및 ☐ 위치가 시간에 따라 변하는 비율. 빠르기와 운동 방향을 포함함.
☐ : 시간 경과에 따라 물체의 위치가 변한 정도, 빠르기
☐ : 운동 상태의 변화에 저항하는 물체의 성질

예상하기

① 가속도계의 추는 무슨 역할을 할까요?

② 가속도계로 가속도를 잘 측정하기 위해서 어떻게 해야 할까요?

② 장치를 던지거나 떨어뜨렸을 때 가속도계의 추의 위치에 어떠한 일이 일어날까요?

③ 가속도계를 가지고 몇 차례 허공으로 도약해 가속도계를 시험했을 때
- 뛰어오르는 동안 낚시 추는 _____
- 내려오는 동안 낚시 추는 _____

 ### 활동순서

① 가속도계를 제작한다.(특별지침 참조)
② 가속도계를 교정한다.(특별지침 참조)
③ 가속도계를 이용해 다양한 방법으로 가속도를 측정한다.

 ### 활동 결과 및 결론

- 가속도계를 가지고 몇 차례 허공으로 도약해 가속도계를 시험했을 때
    ① 뛰어오르는 동안 낚시 추는 _____
    ② 내려오는 동안 낚시 추는 _____

- 결론
    ① 이러한 현상이 일어나게 된 이유는 무엇 때문인지 생각해봅시다.

    ② 가속도계의 원리와 같이 가속도와 관성과 관련한 사례를 주변에서 찾아봅시다.

    ③ 근소한 가속도에 더 민감하도록 이 가속도계를 어떻게 재설계 할 수 있을까요?
       아래에 밑그림을 그리고 짧게 설명을 기재해봅시다.

 읽을 거리

<u>언제 느끼나요?</u>

가속도는 언제 생기나요? 간단히 말하면 속도가 변하거나 운동 방향이 변할 때 아니면 두 가지 모두가 변할 때 생겨요.

속도가 변할 때를 예로 들어볼까요? 버스를 타고 친구와 만나려고 버스를 탔어요. 앉기도 전에 버스가 부르릉 출발을 하는 바람에 우당탕 뒤로 뛰어가거나 급하게 손잡이를 잡았던 경험이 있나요? 앉아 있던 사람들은 좌석 뒤로 몸이 쏠리게 되겠죠. 이 순간 사람들은 가속을 느끼는 거랍니다.

또한 방향의 변화가 있을 때에도 가속을 경험할 수 있어요. 버스가 직선으로 일정한 속력으로 가다가 오른쪽으로 휙 급커브를 그리면 버스안의 사람들은 버스의 왼쪽 벽으로 몸이 쏠리는 것을 느끼게 됩니다.

두 가지의 경우처럼 속도가 변하거나 운동 방향이 변하는 경우 또는 두 가지 모두 변하는 경우 가속도가 생기는 거랍니다!

중력에 따른 흐름

서로 다른 밀도를 가진 액체를 혼합했을 때 중력에 따른 부력과 침전이 일어날 때 발생하는 액체의 흐름을 보여주는 실험이다.

 학습목표

용액의 밀도 차이로 발생하는 중력에 따른 유체의 흐름 조사할 수 있다.

해당학년 : 5~6학년   소요시간 : 60분

이것이 필요해요

큰(500ml)유리 비커 또는 긴 음료수 잔 , 작은(5~10ml) 유리병 2개, 실, 식용색소, 소금, 숟가락 또는 교반 봉, 계량컵(1/4컵), 물, 종이 타월

이렇게 준비해요

① 이 활동은 학생 두세 명으로 이루어진 그룹으로 실행하는 것이 가장 좋다. 이 때 각 그룹별로 재료 세트를 준비한다.
② 비커나 긴 음료수 잔 대신에 땅콩버터를 넣어 파는 식품 보존병이나 플라스틱 병 같은 것으로 대체할 수 있다.
③ 유리병 대신 작은 화장수 샘플 병으로 대체할 수 있다. 이 때 유리병은 너무 크지 않은 것으로 준비한다.
   큰 용기는 비커에 내리는 과정에서 물을 너무 많이 저어야 하기 때문이다.

핵심단어

유체 : 흐르는 성질을 가진 모든 물질. 기체나 액체
중력 : 지구가 지상의 물체를 잡아당기는 힘
부력 : 기체나 액체 속에 있는 물체가 그 물체에 작용하는 힘에 비하여 중력(   )이 작아서 위로 뜨려는 힘
침전 : 중력 같은 외력의 작용에 의해 고체나 액체가 밑으로 가라앉는 것

 무중력 이야기

밀도 : 물질의 빽빽한 정도. 어떤 물질의 단위 부피만큼의 질량.

 활동 내용

1 미리 준비하기

- 핵심 단어의 정의를 설명한다. 특히 밀도에 대해 자세히 설명한다.
  - 유체, 중력, 부력, 침강, 침전, 밀도
  - 밀도란 빽빽한 정도를 말한다. 즉 단위 부피 안에 얼마의 질량이 들어있나를 나타낸다.
    밀도가 큰 액체는 그 보다 밀도가 작은 액체에 비해 중력의 영향을 더 받으므로 아래로 가라앉고, 작은 밀도의
    액체는 위로 뜨게 되어 층을 이루게 된다.
- 먼저 학생들에게 보여 준 후 모둠별로 활동할 수 있도록 재료를 미리 준비한다.

2 문제 확인하기

- 제시된 세 가지 실험을 통해서 서로 다른 밀도의 액체를 혼합해 중력에 따른 부력과 침강으로 발생하는 액체의 흐름을 관찰하는 활동이다.

  실험1 : 밀도가 서로 다른 소금물과 맹물을 서로 섞었을 때 어떤 변화가 일어났나요?

  실험2 : 온도가 서로 다른 차가운 물과 따뜻한 물을 서로 섞었을 때 어떤 변화가 일어났나요?

3 예상하기

- 사전 지식을 활용하여 실험 결과가 어떻게 될지 학생들 각자 또는 모둠 별로 가설을 세워보도록 한다.

  실험 1 : ① 소금물에 맹물이 담긴 유리병을 담그면 _____

  　　　　② 맹물에 소금물이 담긴 유리병을 담그면 _____

  실험 2 : ① 따뜻한 물에 차가운 물이 담긴 유리병을 담그면 _____

  　　　　② 차가운 물에 따뜻한 물이 담긴 유리병을 담그면 _____

4 절차

[실험1-밀도에 따른 흐름]

- 첫 번째 비커를 맹물로 채운다. 두 번째 비커는 맹물로 채운 후 소금 약 50~100g 을 넣는다. 소금이 다 녹을 때까지 휘젓는다.
- 첫 번째 작은 유리병에 맹물을 꼭대기까지 채운다. 이 유리병에 식용색소를 몇 방울 추가한다. 엄지손가락으로 유리병 끝을 막고 식용색소가 완전히 섞일 때까지 흔들어 준다. 이 유리병을 소금물이 든 비커 옆에 놓는다.
- 같은 방법으로 두 번째 유리병에 소금물과 식용색소를 일부 채우고 흔들어준다. 이 유리병을 담수가 든 비커 앞에 놓는다.
- 두 비커의 물이 정지 상태에 있을 때까지 몇 분간 기다린다.

- 끈을 잡고 유리병 하나를 살그머니 들어 올려 옆의 비커에 천천히 내려놓는다.
  유리병을 옆면으로 해서 비커 바닥에 놓고 그림처럼 끈을 비커 옆으로 늘어뜨린다.
  관찰 후 질문에 답하고 이것을 그림으로 묘사하도록 한다.
- 두 번째 유리병을 이전처럼 다른 비커에 놓는다. 관찰 후 질문에 답하고 이것을 그림으로 묘사하도록 한다.

[실험2-온도에 따른 흐름]
- 첫 번째 비커를 따뜻한 물로 두 번째 비커는 차가운 물로 채운다.
- 첫 번째 작은 유리병에 따뜻한 물을 가득 채운다. 이 유리병에 식용색소를 몇 방울 추가한다. 엄지손가락으로 유리병 끝을 막고 식용색소가 완전히 섞일 때까지 흔들어 준다. 이 유리병을 차가운 물이 든 비커 옆에 놓는다.
- 같은 방법으로 두 번째 유리병에 차가운 물과 식용색소를 일부 채우고 흔들어 준다. 이 유리병을 따뜻한 물이 든 비커 앞에 놓는다.
- 두 비커의 물이 정지 상태에 있을 때까지 몇 분간 기다린다.
- 끈을 잡고 유리병 하나를 살그머니 들어 올려 옆의 비커에 천천히 내려놓는다. 유리병을 옆면으로 해서 비커 바닥에 놓고 그림처럼 끈을 비커 옆으로 늘어뜨린다. 관찰 후 질문에 답하고 이것을 그림으로 묘사하도록 한다.
- 두 번째 유리병을 이전처럼 다른 비커에 놓는다. 관찰 후 질문에 답하고 이것을 그림으로 묘사하도록 한다.

5 실험결과 토의 및 결론
[실험1-밀도에 따른 흐름]
- **결과** : ① 소금물에 맹물이 담긴 유리병을 담그면 유리병에 들었던 맹물이 물 위쪽으로 이동한다.
  ② 맹물에 소금물이 담긴 유리병을 담그면 유리병 안의 소금물은 바닥으로 가라앉는다.
- **결론** : 밀도가 크면 상대적으로 중력의 영향이 크게 작용하므로 밑으로 가라앉고, 밀도가 작으면 상대적으로 중력의 영향이 작게 작용하므로 위로 뜨게 된다. 소금물은 맹물보다 밀도가 높다. 그러므로 상대적으로 중력의 영향을 더 받는 소금물은 맹물의 아래쪽으로 가라앉는다.

소금금물 비커 속의 착색된 담수

[실험2-온도에 따른 흐름]
- **결과** : ① 따뜻한 물에 차가운 물이 담긴 유리병을 담그면 유리병 안의 차가운 물은 바닥으로 가라앉는다.
  ② 차가운 물에 따뜻한 물이 담긴 유리병을 담그면 유리병 안의 따뜻한 물은 위쪽으로 이동한다.
- **결론** : 온도가 높아지면 유체는 팽창하면서 밀도가 낮아져서 상대적으로 가벼워지고 반대로 온도가 낮아지면 유체의 부피가 수축하면서 밀도가 높아져 상대적으로 무거워진다. 그러므로 밀도의 변화는 유체에 미치는 중력에도 영향을 준다. 밀도가 작으면 상대적으로 부력이 커지면서 위로 뜨게 되고 밀도가 큰 것은 아래로 가라앉게 된다.

 **평가**

- 결과를 토의하면서 학생들이 부력과 침강의 개념을 이해했는지 판단하도록 한다.
- 학생들이 제출한 결과지를 모아 활동을 평가한다.

 **심화학습**

- 서로 밀도가 다른 재료를 학생들이 선택하는 기회를 준다. 앞의 실험을 한 뒤 학생들이 자신의 재료를 선택하여 해보는 실험을 할 수 있다.
  - 학생들은 기름과 식초, 설탕과 소금물 또는 기름과 물 등 밀도가 서로 다른 재료들을 자유롭게 선택할 수 있도록 한다.
  - 재료선택과 주제정하기, 가설설정하기, 준비물, 실험단계를 스스로 정하도록 해보고 실험 결과를 다른 조와 함께 공유하도록 한다.
  - 필요한 재료를 준비하여 위와 같은 단계를 통해 실험을 실시한다.
- 두 유체의 밀도가 매우 유사한 실험에서 한 유체에 식품 착색제를 첨가하면 결과가 바뀔 수 있다. 두 유체를 구별하기 위한 표시로 식품 착색제를 이용할 수 없다면 어떻게 이 실험을 실시해야 할지 생각해본다.

 **지도상 유의점**

- 유리병의 목 주위에 끈을 묶어 미끄러지지 않는지 확인한다.
- 이 활동을 학급 전체를 위한 시연으로 실시할 수도 있다. 이 경우 오버헤드 프로젝터를 구해 조명을 켠 프로젝터 판에 비커를 놓고 아래쪽에서 비치는 조명으로 병 안의 내용물을 비춰 교실 전체에서 내용물을 쉽게 볼 수 있게 한다.
  - 주의가 산만해지는 것을 줄이기 위해 프로젝터 렌즈를 덮어 흐릿한 영상이 벽이나 화면 뒤로 쏠리지 않도록 한다.
  - 프로젝터에 액체가 쏟아지지 않도록 주의한다.
- 각 학생 그룹에 한 가지 이상의 지침서 세트와 활동지 두 개를 나눠준다.
  학생용 읽기 교재는 보관했다가 실험이 끝나면 사용한다.
- 심화과정의 경우 빈 종이에 실험 과정, 주제 등을 조별로 적을 수 있도록 하고 결과를 기록할 수 있는 활동지만 개별적으로 나누어 준다.

중력에 따른 흐름

학년   반
이름

서로 다른 밀도를 가진 용액을 섞으면 어떻게 흐름이 변하는지 알아봅시다!

식료품점 진열대에 있는 샐러드용 드레싱을 넣어 놓은 병을 본 적이 있나요?
그 병 안에는 종류의 서로 다른 물질이 여러 층이 형성된 것을 볼 수 있어요. 밀도가 높은 물질은 바닥에 가라앉고 식초는 중간층을 이루고 있으며 밀도가 가장 낮은 오일은 맨 위에 떠 있습니다.
유체는 액체나 기체처럼 흐를 수 있는 모든 물질을 말합니다.
유체가 이동할 때 작용하는 힘의 원인이 바로 밀도입니다. 밀도에 따라 중력이 달라지기 때문이지요. 밀도가 서로 다른 용액을 섞으면 어떤 흐름이 생길지 알아볼까요?

이것이 필요해요

큰(500ml)유리 비커 또는 긴 음료수 잔, 작은(5~10ml) 유리병 2개, 실, 식용색소, 소금, 숟가락 또는 교반 봉, 계량컵(1/4컵), 물, 종이 타월

핵심단어

☐☐☐☐ : 흐르는 모든 것. 기체나 액체
☐☐☐☐ : 지구가 지상의 물체를 잡아당기는 힘
부 력 : 기체나 액체 속에 있는 물체가 그 물체에 작용하는 힘에 의해 중력(   )에 반하여
         (위로 뜨려는, 아래로 가라앉으려는) 힘
침 전 : 중력 같은 외력의 작용에 의해 고체나 액체가 (밑으로 가라앉는, 위로 뜨는) 것
☐☐☐☐ : 빽빽한 정도. 어떤 물질의 단위 부피만큼의 질량

예상하기

실험 1 :
① 소금물에 맹물이 담긴 유리병을 담그면 _____
② 맹물에 소금물이 담긴 유리병을 담그면 _____
실험 2 :
① 따뜻한 물에 차가운 물이 담긴 유리병을 담그면 _____
② 차가운 물에 따뜻한 물이 담긴 유리병을 담그면 _____

심화실험3:
① (   )에 (   )이 담긴 유리병을 담그면 _____
② (   )에 (   )이 담긴 유리병을 담그면

생각해요

소금물과 맹물, 차가운 물과 따뜻한 물은 투명해서 비교하며 관찰하기 어렵습니다. 잘 관찰하기 위해서 어떤 방법을 쓰면 좋을까요?

활동순서

[실험1-밀도에 따른 흐름]

① 첫 번째 비커는 맹물로 채우고, 두 번째 비커는 맹물을 채운 후 소금 약 50~100g을 넣고 소금이 다 녹을 때까지 물을 휘저어줍니다.
② 첫 번째 작은 유리병에 맹물을 꼭대기까지 채웁니다. 이 유리병에 식용색소를 몇 방울 넣어주세요. 엄지손가락으로 유리병 끝을 막고 식용색소가 완전히 섞일 때까지 흔들어 줍니다. 이 유리병을 소금물이 든 비커 옆에 놓습니다.
③ 같은 방법으로 두 번째 유리병에 소금물과 식용색소를 일부 채우고 흔들어줍니다. 이 유리병을 맹물이 든 비커 앞에 내려놓습니다.
④ 두 비커의 물이 정지 상태에 있을 때까지 몇 분간 기다립니다.
⑤ 끈을 잡고 유리병 하나를 살그머니 들어 올려 옆의 비커에 천천히 내려놓습니다. 유리병을 옆면으로 해서 비커 바닥에 놓고 그림처럼 끈을 비커 옆으로 늘어뜨립니다. 유리병이 어떻게 되는지 관찰합니다. 활동지의 질문에 답하고 관찰한 것을 그림으로 그려봅시다.

⑤ 두 번째 유리병도 그림과 같은 방법으로 다른 비커에 내려놓습니다. 유리병이 어떻게 되는지 관찰합니다. 활동지의 질문에 답하고 관찰한 것을 그림으로 그려봅시다.

[실험2-온도에 따른 흐름]
① 비커 하나는 따뜻한 물로, 다른 비커는 차가운 물로 채웁니다.
② 첫 번째 작은 유리병에 따뜻한 물로 꼭대기까지 채웁니다. 이 유리병에 식용색소를 몇 방울 추가합니다. 엄지손가락으로 유리병 끝을 막고 식용색소가 완전히 섞일 때까지 흔들어 줍니다.
이 유리병을 차가운 물이 든 비커 옆에 놓아요.
③ 같은 방법으로 두 번째 유리병에 차가운 물과 식용색소로 일부 채우고 흔들어줍니다.
이 유리병을 따뜻한 물이 든 비커 앞에 놓아요.
④ 두 비커의 물이 정지 상태에 있을 때까지 몇 분간 기다린 후 끈을 잡고 유리병 하나를 살그머니 들어 올려 옆의 비커에 천천히 내려놓습니다. 유리병을 옆면으로 해서 비커 바닥에 놓고 끈을 비커 옆으로 늘어뜨립니다.
활동지의 질문에 답하고 관찰한 것을 그림으로 그려봅시다.

[심화-여러 가지 재료로 실험해 보아요!]
기름과 식초, 설탕과 소금물, 기름과 물 등으로 실험을 하면 어떻게 될까요?
각 조별로 원하는 재료를 선택하고 실험하고 기록해봅시다.
① 원하는 재료를 선택한 후 빈 종이에 자신의 설계에 대한 실험 목적을 기록합니다.
② 실험결과가 어떻게 될지 예상하고 기록합니다.
③ 재료 목록 및 실험 과정을 적어봅시다.
④ 실험을 실시하고 그 결과를 기록합니다.

무중력 이야기

밀도에 따른 흐름

학년   반
이름

 **연구팀원**

[비커와 유리병_1]
- 비커에 든 물 (하나에 표시) : 맹 물 _____ 소금물 _____
- 유리병에 든 물(하나에 표시) : 맹 물 _____ 소금물 _____
- 어떤 일이 일어났는지 스케치하고 설명해보세요.

[비커와 유리병_2]
- 비커에 든 물 (하나에 표시) : 맹 물 _____ 소금물 _____
- 유리병에 든 물(하나에 표시) : 맹 물 _____ 소금물 _____
- 어떤 일이 일어났는지 스케치하고 설명해보세요.

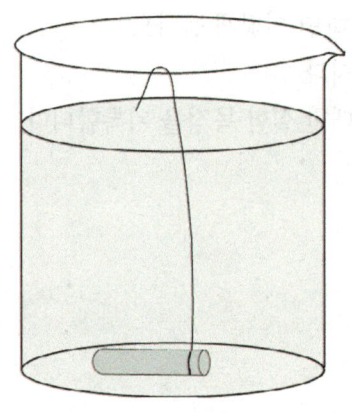   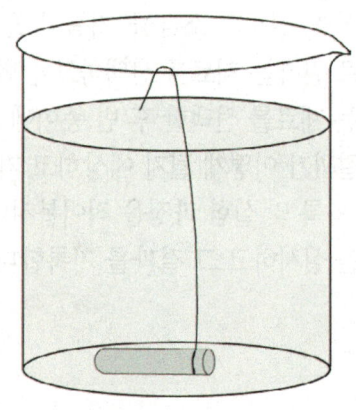

[비커와 유리병_1]   [비커와 유리병_2]

밀도에 따른 흐름

학년   반
이름

 **연구팀원**

[비커와 유리병_1]
- 비커에 든 물 (하나에 표시) : 따뜻한 물_____차가운 물_____
- 유리병에 든 물(하나에 표시) : 따뜻한 물_____차가운 물_____
- 어떤 일이 일어났는지 스케치하고 설명해보세요.

[비커와 유리병_2]
- 비커에 든 물 (하나에 표시) : 따뜻한 물_____차가운 물_____
- 유리병에 든 물(하나에 표시) : 따뜻한 물_____차가운 물_____
- 어떤 일이 일어났는지 스케치하고 설명해보세요.

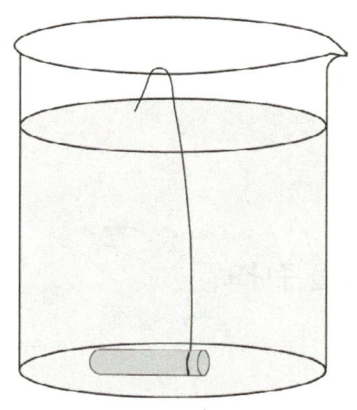   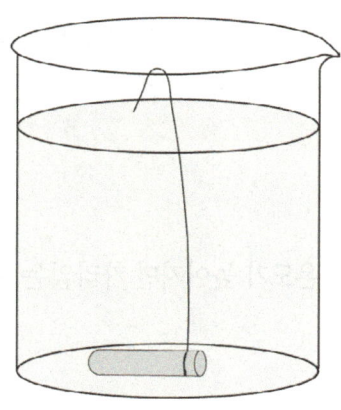

[비커와유리병_1]   [비커와유리병_2]

무중력 이야기

 **여러 가지 재료로 실험을 해 보아요!**

학년   반
이름

 **생각해요**

우리 조가 선택한 재료로 실험했을 때 결과를 예상해봅시다.

 활동결과

A : 비커에 든 물(   ), 유리병에 든 물(   )
B : 비커에 든 물(   ), 유리병에 든 물(   )

• 실험결과가 어떻게 일어났나요?

• 다른 조의 발표를 들어보고, 자신들이 한 실험과 비교하여 봅시다.

• 이제까지 한 실험을 정리해 봅시다.
① 밀도가 클수록 가라앉는 속도는 어떻게 되나요?

② 물의 온도가 높아지면 가라앉는 속도에 어떤 영향을 주나요?

38

읽을 거리

유체의 성질

　유체란 액체 또는 기체와 같이 흐를 수 있는 모든 물질을 뜻합니다. 유체의 중요한 특징은 이곳에서 저곳으로 흐를 수 있고, 유체가 담긴 그릇에 따라 모양이 달라진다는 점입니다. 지구 표면에서 액체는 그릇이 열려 있거나 닫혀 있는 바닥을 채우는 성질이 있고, 기체는 밀폐된 용기를 채우는 성질이 있습니다. 예를 들어 고체인 얼음은 용기의 모양에 상관없이 얼음 모양 그대로이지만, 이와 다르게 물을 포함한 유체는 용기의 형태에 따라 모양이 달라져요. 이쯤 되면 액체는 용기에 따라 모양이 변하는 변신의 여왕, 고체는 용기의 모양과 상관없이 굳건하게 자신의 모양을 지키는 대쪽 같은 선비라고 불러도 될 것 같습니다.

중력과 유체

　중력은 유체 이동시 작용하는 중요한 힘이에요. 한 용기에서 다른 용기로 액체를 따를 때 이러한 이동을 할 수 있도록 하는 추진력이 바로 중력이랍니다. 만약 중력이 없다면 어떻게 될까요? 물을 컵에 따라 마시기도 힘들고 공중에서 둥둥 떠다니게 되겠죠? 실제로 우주공간에서 우주선 내부에서 생활 할 때 가장 큰 골칫거리는 대소변의 처리에 있다고 합니다. 잘못 처리하면 배설물이 공중을 둥둥 떠다니게 될테니 세심한 관리가 필요하겠죠? 중력의 역할에 새삼 고마워지는 순간입니다!

유레카! 유레카!

　유레카에 얽힌 에피소드는 아주 유명합니다. 하루는 히에론 왕이 금관장이에게 순금으로 금관을 만들어 오게 했습니다. 그러나 금관장이가 가져온 금관은 아무래도 순금이 아닌 은이 섞인 금관인 것 같았어요. 왕은 아르키메데스에게 명령하여 그것이 순금인지 아닌지를 밝혀내라고 합니다. 아르키메데스는 순금을 가려낼 도무지 좋은 방법이 떠오르지 않았어요. 이렇게 몇 일을 고민하던 아르키메데스는 목욕을 하며 긴장을 풀기 위해 물이 가득 찬 탕 속으로 들어갑니다. 그 순간 자기의 몸이 문득 가벼워지는 것을 느끼게 됩니다.

　'그렇다면, 금관을 물속에서 저울로 달아보고, 그 금관의 분량과 똑같은 순금 덩어리를 물속에서 달아 본다면 그 금관이 순금인지 가짜인지 알 수 있을게 아닌가?'

　흥분한 아르키메데스는 자기가 벌거벗은 것도 잊고 "유레카! 유레카!" 라고 외치며 거리로 뛰쳐나갔어요. '유레카'는 우리말로 '알았다', '바로 그거야'라는 뜻이에요.

아르키메데스의 원리

왕에게 간 아르키메데스는 물이 다 차 있는 그릇에 왕관을 넣었습니다. 그리고 같은 크기의 그릇에 물을 가득 붓고 왕관과 같은 무게의 순금 금화를 넣었어요. 각 그릇에서 흘러나온 물의 양이 같은 것은 왕관과 순금 금화의 중량과 부피가 일치하기 때문이고 이것은 내부적으로도 같은 물질로 만들어졌을 것이라고 생각했기 때문입니다. 과연 왕관과 순금을 넣는 그릇에서 넘친 물의 양은 같았을까요? 달랐을까요?

이처럼 액체나 기체 속에 있는 물체는 그 물체가 차지한 액체나 기체의 부피만큼의 부력을 받는다는 법칙을 아르키메데스의 원리라고 해요.

표면장력에 따른 흐름

표면장력에 의해 물방울은 동그란 모양을 가진다. 그러나 지구에서는 중력의 작용으로 물방울의 모양은 약간 납작한 모양으로 변형된다. 지구 환경에서 중력을 무시하고 오로지 표면장력만을 연구한다는 것은 무척 어렵다. 마이크로중력 상태의 표면장력 연구는 이런 점에서 상당한 유리한 장점을 가진다. 이 실험은 표면장력의 차이로 인해 발생되는 유체의 흐름을 관찰하고 그 이유를 알아보는 활동이다.

 학습목표

표면장력의 변화로 인해 유체가 흐르게 것을 관찰하고 이해할 수 있다.

 해당학년 : 5~6학년    **소요시간 :** 60분

 이것이 필요해요

실험 1 : 구내식당 쟁반(가장자리가 올라간 것), 점토물(방수용), 물비누, 식용색소, 이쑤시개
실험 2 : 페트리 접시, 물, 물비누, 이쑤시개, 후추
실험 3 : 페트리 접시, 물, 물비누, 이쑤시개, 종이배 도안, 도화지
실험 4 : 페트리 접시, 물, 물비누, 이쑤시개, 바늘

 이렇게 준비해요

- 구내식당의 쟁반 같이 가장자리가 올라간 얇은 쟁반이 필요하다.
  슈퍼마켓의 대형 스티로폼 음식 쟁반도 사용할 수 있지만 표면이 매끄럽고 격자무늬 조직이 없는 것이어야 한다. 밝은 색상의 쟁반을 사용해야 표면 장력 효과를 확인하기 좋다.
- 물이 찬 얇은 쟁반을 개수대로 옮기는 것이 귀찮을 수 있다.
  대신 작업대에서 바로 쟁반을 비울 수 있도록 물통이나 큰 쓰레기통을 쟁반 쪽으로 가져온다.
- 점토는 플라스티신 소상용 점토물처럼 물이 흡수되지 않는 재료를 사용하도록 한다.
- 실험 2는 시연할 수도 있다. 이때 오버헤드 프로젝터를 이용해서 시연한다.

핵심단어

표면장력 : 액체 표면을 이루고 있는 경계막에 나타나는 힘

활동 내용

1 미리 준비하기
- 모둠별로 활동할 수 있도록 재료를 미리 준비한다.

2 문제 확인하기
- 이 활동에 제시된 여러 가지 표면장력 실험을 통해 표면장력과 표면장력의 차이로 인해 발생되는 유체 흐름을 관찰한다.

  실험 1 : 점토로 만든 미로에 물을 넣고 물비누를 한 방울 추가하면 물의 흐름은 어떻게 변할까요?

  실험 2 : 페트리 접시에 후추를 넣어 물위에 후추를 띄우고, 이 물에 물비누를 한 방울 후 떨어뜨리면 후추의 입자는 어떻게 이동할까요?

  실험 3 : 작은 종이 조각을 자르고 깨끗한 물에 띄운 후, 배 뒤에 세제 소량을 묻히면 종이배는 어떻게 이동할까요?

  실험 4 : 물에 바늘을 띄운 후 물비누를 추가하면 어떤 일이 일어날까요?

3 예상하기
- 사전 지식을 활용하여 실험 결과가 어떻게 될지 학생들 각자 또는 모둠별로 가설을 세워보도록 한다.

  실험1 : 색깔 있는 물은 _____

  실험2 : 후추는 _____

  실험3 : 종이배는 _____

  실험4 : 바늘은 _____

4 절차

[실험1-미로를 따라 움직여요!]

- 점토를 굴려 식당 쟁반에 한 쪽 끝이 막힌 미로를 만든다.
- 미로에 물을 추가하고 안정될 때까지 기다린다.
- 미로 끝 가까운 곳에서 식용색소를 한 방울 추가한다.
  식용색소 일부는 표면에서 약간 퍼지고 나머지는 바닥에 가라앉도록 약 5cm 높이에서 식용색소를 떨어뜨린다.
- 이쑤시개에 물비누를 묻혀 염료 뒤 미로 끝의 물에 이쑤시개 끝이 닿게 하고 어떤 일이 일어나는지 관찰하도록 한다.
- 쟁반 바닥의 물에도 어떤 일이 일어나는지 학생들이 관찰하게 한다.

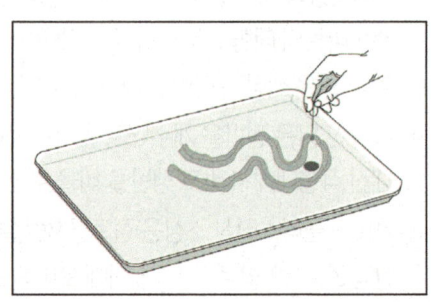

[실험2-물 위에 떠 있는 후추]
- 페트리 접시에 물을 가득 채운다.
- 물 위에 후추를 넣고 흔든다.
- 물 표면에서 어떤 일이 일어나는지 학생들이 관찰하게 한다.
- 물비누를 한 방울 추가한다.
- 물 표면에서 어떤 일이 일어나는지 학생들이 관찰하게 한다.

[실험3-종이배]
- 페트리 접시에 물을 넣어 채운다.
- 그림과 같이 종이배 모양으로 작은 종이 조각을 자른다.
- 물에 띄워 어떤 일이 일어나는지 학생들이 관찰하게 한다.
- 배 뒤의 구멍에 세제를 소량으로 묻힌다.
- 종이배를 물에 띄우고 종이배가 어떻게 움직이는지 학생들이 관찰하게 한다.

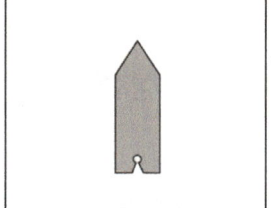

[실험4-물 위에 떠 있는 바늘]
- 페트리 접시에 물을 넣고 핀셋으로 바늘을 물 표면에 살며시 내린다.
- 물 위에 어떤 일이 일어나는지 학생들이 관찰하게 한다.
- 물비누를 한 방울 추가한다.
- 바늘이 어떻게 되는지 학생들이 관찰하게 한다.

5 실험결과 토의 및 결론
[실험1-미로를 따라 움직여요!]
- **결과** : 색깔 있는 물은 미로를 따라 움직인다.
- **결론** : 물에 비누가 들어가면 표면장력은 물의 한 곳에서 약해진다. 표면의 물은 즉시 비누가 있는 곳에서 멀리 퍼지기 시작한다. 점토벽에 의해 이러한 물의 흐름이 한 방향으로 이루어진다.
  이러한 미로를 따라 생기는 물의 흐름은 식용색소를 사용했기 때문에 눈으로 쉽게 확인할 수 있다.
  비누가 첨가된 곳으로부터 멀리 표면의 물이 움직이면 표면을 따라 이동한 물을 채우기 위해 바닥을 따라 역류가 흐르게 된다.

[실험2-물 위에 떠 있는 후추]
- **결과** : 후추는 물 위에 떠 있다가 물비누가 추가되면 가라앉는다.
- **결론** : 물의 표면 장력 때문에 후추가 뜨게 된다. 그러나 물비누를 한 방울 추가하면 물의 표면 장력이 약해지면서 후추는 접시 가장자리로 이동하여 가라앉는다.

[실험3-종이배]
- **결과** : 종이배는 물비누를 묻힌 반대방향으로 움직인다.

- **결론** : 물의 표면 장력은 종이배를 뜰 수 있게 한다. 종이배 끝부분에 물비누를 묻히면 그 부분에서 표면장력이 약화된다. 종이배 뒷부분의 표면장력이 약해지므로 배의 앞쪽과 뒤쪽의 표면장력의 균형이 깨져서 배는 표면장력이 더 크게 작용하는 앞쪽으로 끌려가게 된다.

[실험4-물 위에 떠 있는 바늘]
- **결과** : 바늘은 물 위에 떠 있다가 물비누가 추가되면 가라앉는다.
- **결론** : 물의 표면장력은 바늘을 뜰 수 있게 한다.
  그러나 물비누가 추가되면 물의 표면장력이 약해지면서 바늘이 빨리 가라앉게 된다.

 ## 심화학습

- 실험 1에서 다양한 미로를 시도해 본다. 좁고 넓은 미로를 만들어 얼마나 멀리 이동할 수 있는지 확인한다.
- 액체 온도가 표면장력에 끼치는 영향을 알아볼 실험을 설계한다.

 ## 지도상 유의점

- 교실에서 물을 다루며 수업하는 것은 약간 문제가 될 수도 있다. 물을 많이 흘리지 않도록 주의를 준다.
- 물에 물비누를 한 방울 추가한 후, 이 활동을 다시 시도하기 전에는 이 물을 반드시 버리고 교환해서 사용하도록 한다.
- 학생용 읽기 교재는 보관했다가 활동 이후에 사용한다.

 # 미로를 따라 움직여요!

학년   반
이름

점토로 만든 미로에 물을 넣고 물비누를 한 방울 추가하면 물의 흐름은 어떻게 변할까요?

물을 구성하는 분자들은 서로 잡아당겨요. 물의 표면에서는 안쪽으로만 잡아당겨지겠지요? 그래서 물의 모양이 동그랗게 되는 거랍니다. 이 힘을 표면장력이라고 해요.
그런데 유체는 표면장력이 서로 달라요. 서로 다른 두 유체가 섞이면 구성하는 물질들이 서로 섞이면서 표면장력에도 변화가 생기겠지요? 표면장력이 변하면 유체의 흐름이 어떻게 변하는지 알아봅시다.

도전 과제

 ### 이것이 필요해요

구내식당 쟁반(가장자리가 올라간 것), 점토물(방수용), 물비누, 식용색소, 이쑤시개, 종이 타월, 양동이

 ### 핵심단어

☐ : 액체 표면을 이루고 있는 경계막에 나타나는 힘

 ### 예상하기

색깔있는 물은 _____

 ### 활동순서

① 점토를 굴려 지름 1~2㎝의 긴 "지렁이"를 만듭니다. 이 지렁이를 쟁반에 놓아 한쪽 끝이 막힌 3~4㎝ 너비의 좁은 계곡을 만듭니다. 쟁반에 붙어 얇은 벽을 만들도록 지렁이를 압착합니다. 자신이 만든 점토 미로를 스케치합니다.
② 미로 벽 맨 위까지 거의 도달할 때까지 쟁반에 물을 추가하고, 물이 안정될 때까지 기다립니다.
③ 미로 끝 가까운 곳에 식용색소를 한 방울 추가합니다.
이 때 식용색소 일부는 표면에서 약간퍼지고 나머지는 바닥에 가라앉도록 약 5㎝ 높이에서

식용색소를 떨어뜨립니다.

④ 이쑤시개에 물비누를 묻혀 식용색소 뒤 미로 끝의 물에 이쑤시개 끝이 닿게 합니다. 어떤 일이 일어 나는지 관찰하고 이동방향을 화살표로 표시해 봅시다.

⑤ 다양한 미로를 시도하여 염료가 얼마나 멀리 이동할 수 있는지를 확인해 봅시다.

 **활동 결과 및 결론**

① 색깔 있는 물은 어떻게 이동했나요? 자신이 만든 미로를 그리고 물이 어떻게 흐르는지 화살표로 그려봅시다.

② 바닥 부근의 물도 이동했나요? 이동했다면 이유는 무엇일까요?

③ 미로의 통로를 더 넓게 하거나 더 좁게 하면 물의 흐름이 어떻게 변할까요?

물 위에 떠있는 후추

학년　반
이름

페트리 접시에 후추를 넣어 물위에 후추를 띄우고, 이 물에 물비누를 한 방울 떨어뜨리면 후추의 입자는 어떻게 이동할까요?

표면장력의 변화는 유체의 흐름을 만든다는 것을 확인하기 위한 실험입니다. 후추가 물의 표면에서 어떻게 움직이는지 잘 관찰해 봅시다.

이것이 필요해요

페트리 접시, 물, 물비누, 이쑤시개, 후추, 종이 타월, 양동이

예상하기

후추는 _____

활동순서

① 페트리 접시에 물을 가득 채우고 그 위에 후추를 넣어 살살 흔듭니다.
② 물 표면에서 어떤 일이 일어나는지 관찰합니다.
③ 물비누를 한 방울 추가하고, 어떤 일이 일어나는지 관찰합니다.이에서 식용색소를 떨어뜨립니다.

활동 결과 및 결론

- 결과 : 후추는 _____
- 결론 : 이 현상이 발생한 이유는 _____
  _____

종이배

학년   반
이름

도전과제

종이배를 만들어 깨끗한 물에 띄운 후, 배 뒤에 있는 세제를 물에 닿으면 종이배는 어떻게 이동할까요?

표면장력의 변화는 유체의 흐름을 만든다는 것을 확인하기 위한 실험입니다.
작은 종이배가 물의 표면에서 어떻게 움직이는지 관찰해 봅시다.

이것이 필요해요

페트리 접시, 물, 물비누, 이쑤시개, 종이배 도안, 도화지, 종이 타월, 양동이

예상하기

종이배는 _____

활동순서

① 작은 종이 조각을 종이배 모양으로 자릅니다.
② 페트리 접시에 물을 넣어 채운 후 종이배를 띄우고 관찰합니다.
③ 종이배 뒤의 구멍에 세제를 소량으로 묻힌 후, 종이배를 물에 띄우고 어떻게 움직이는지 관찰합니다.

활동 결과 및 결론

- 결과 : 종이배는 _____
- 결론 : 이 현상이 발생한 이유는 _____

물 위에 떠 있는 바늘

학년   반
이름

물에 바늘을 띄운 후 물비누를 추가하면 어떤 일이 일어날까요?
표면장력의 변화는 유체의 흐름을 만든다는 것을 확인하기 위한 실험입니다. 바늘이 물의 표면에서 어떻게 움직이는지 관찰해 봅시다.

도전
과제

이것이 필요해요

페트리 접시, 물, 물비누, 이쑤시개, 바늘, 종이 타월, 양동이

예상하기

바늘은 _____

활동순서

① 페트리 접시에 물을 넣고 핀셋으로 바늘을 물 표면에 살며시 내립니다.
② 물비누를 한 방울 추가합니다.
③ 바늘이 어떻게 되는지 관찰합니다.

활동 결과 및 결론

- 결과 : 바늘은 _____
- 결론 : 이 현상이 발생한 이유는 _____

읽을 거리 - 1

표면장력

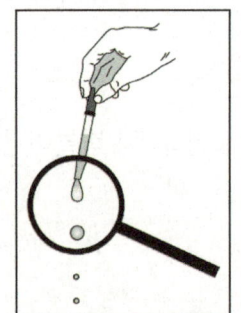

물방울을 면밀하게 살펴본 일이 있다면 물방울이 구형을 형성하려는 것을 알 수 있습니다. 아래의 그림을 보면 물방울은 중력의 끌어당김 때문에 돋보기에 달린 물방울의 모양이 늘어납니다. 하지만 물방울이 떨어질 때에는 다시 구형이 됩니다.

물방울 모양은 표면 장력 때문에 생깁니다. 물을 구성하는 분자들은 서로를 끌어당기고 있습니다. 물방울 내부에서는 분자들이 서로를 모든 방향에서 끌어당겨 특정 방향이 없지만 표면에서는 바깥방향으로 균형을 이룰 인력이 없어서 분자가 유체 안쪽으로만 당겨지는 힘이 생기게 됩니다. 이로 인해 물은 최소의 표면적을 갖는 모양, 즉 구형이 되는 것입니다. 광택을 잘 낸 차 표면에 생긴 물방울은 중력의 작용 때문에 아래 그림과 같이 다소 평평한 모양입니다.

액체 표면의 분자는 탄력막 같이 반응합니다. 물 표면에 바늘을 띄우면 탄력막 효과로 바늘이 물에 뜨는 것을 쉽게 관찰 할 수 있어요. 이 때 바늘 가까이 있는 물을 자세히 살펴보면 얇은 고무 시트처럼 약간 눌려 있는 것을 볼 수 있습니다. 물비누 같은 세제를 물에 넣으면 표면 장력은 어떻게 될까요? 물 분자가 결합할 때 물 분자끼리 서로 끌어당기는 힘을 비누분자가 끼어들면서 물 분자끼리 끌어당기는 힘을 약하게 합니다. 그러므로 바늘이 들어 있는 잔에 물비누를 한 방울 넣으면 표면 장력이 상당히 감소되어 바늘이 빨리 가라앉게 되는 거랍니다.

읽을 거리 - 2

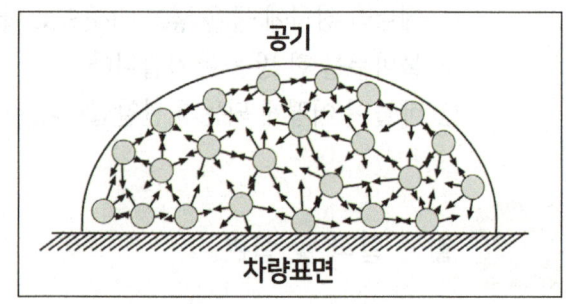

마이크로중력 환경은 중력의 영향이 거의 없으므로 부력에 의한 유체 흐름과 침강은 상당히 줄어들어요. 때문에 마이크로중력은 온전히 표면 장력에 의한 흐름을 쉽게 연구할 수 있도록 해 줍니다.

지구환경에서 중력의 영향은 매우 큽니다. 때문에 중력보다 힘의 크기가 작은 표면 장력을 연구하는 일은 마치 록 콘서트 도중에 속삭임을 듣고자 하는 것처럼 어렵습니다.

표면 장력에 의한 흐름은 중력에 비해 아주 약하긴 하지만 유체와 관련된 실험에 영향을 끼치게 됩니다. 유체의 흐름에 영향을 미치는 표면장력을 알기 위해서는 마이크로중력에서 표면 장력만의 효과를 연구하는 일은 중요합니다.

 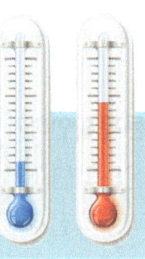

표면장력에 영향을 주는 온도

표면장력은 중력의 영향을 받지 않는다. 따라서 마이크로중력 상태의 우주환경에서는 부력은 제거되지만 표면장력은 그대로 남게 되면서 유체에 작용하는 중요한 힘이 된다. 그러나 표면장력은 온도의 영향을 받는다. 이 활동을 통해 온도에 따라 표면장력이 변하는 것을 관찰해 본다.

 학습목표

온도가 변하면 얇은 액체의 표면장력이 변하는 실험을 통해 대한 온도와 표면장력의 관계를 이해할 수 있다.

 **해당학년** : 5~6학년    **소요시간** : 60분

 이것이 필요해요

요리용 기름, 계피 가루, 페트리 접시와 덮개 2개, 실험실용 핫 플레이트내열 장갑, 핫 패드 또는 집게, 얼음, 보호안경

 **이렇게 준비해요**

이 실험은 두 개의 페트리 접시로 실시한다. 두 접시 뚜껑에 기름과 계피가루를 넣는다.
이 때 표면장력의 효과를 보기 위해 20~30센티미터 높이에서 계피 가루를 뿌려 기름 표면에 균일하게 퍼지도록 해야 한다.

 활동 내용

① **미리 준비하기**
- 학생들을 3~4명으로 팀을 짜서 나눈다.
- 각 팀마다 준비한 재료들을 나누어 준다.

2 문제 확인하기
- 온도의 변화에 따라 표면장력이 어떻게 변하는지 알아보는 활동이다.
- 페트리 접시에 열을 가해 기름의 온도를 높이면 표면장력은 어떻게 변할까요?

3 예상하기
- 사전 지식을 활용하여 실험 결과가 어떻게 될지 학생들 각자 또는 모둠별로 가설을 세워보도록 한다.
① 온도가 올라가면 표면장력은 (감소한다. 증가한다)
② 온도가 내려가면 표면장력은 (감소한다. 증가한다)

4 절차
- 얇은 기름층과 분말 계피표시물이 있는 페트리 접시 중 뚜껑을 덮지 않은 접시에 열을 가하고 나타나는 변화를 관찰한다.
- 두 번째 페트리 접시에서는 뚜껑을 뒤집어 두 번째 접시 바닥에 끼우고 가열하여 접시를 관찰한다.

5 실험 재설계하기
- 온도에 따른 표면장력의 변화를 관찰하기 위해서는 대류의 영향을 제거할 필요가 있다. 만약 두 번째 접시에서 유체 흐름이 관찰된다면 첫 번째 실험에서 유체의 흐름은 표면장력 외에 대류의 영향을 받는다는 것을 의미한다. 기름의 두께를 더욱 얇게 하여 다시 실험하도록 한다.

6 실험결과 토의 및 결론
- **결과** : 온도가 올라가면서 기름의 표면은 서로 성장해 다각형 세포를 만드는 원형 세포가 형성되기 시작했다.

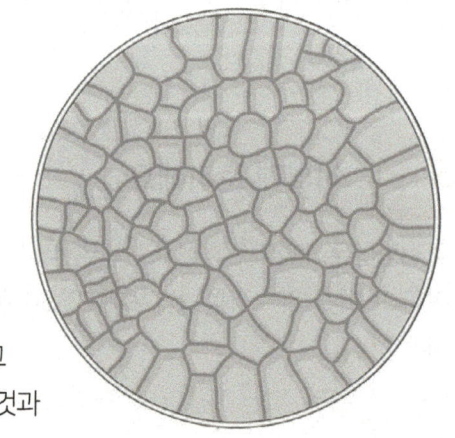

- **결론**
  - 첫번째 실험에서 열은 뜨거운 핫 플레이트에서 기름 표면으로 빨리 전도되었다. 기름 온도가 상승되어 표면 장력은 감소되었다. 기름은 뜨거운 곳의 중심에서 바깥쪽의 모든 방향으로 흘렀기 때문에 표면장력의 감소는 명확하다. 이 작용을 이전 활동에서 물비누 한 방울이 쟁반의 물 표면에 닿았을 때 일어난 것과 비교하면 이해하기 쉽다. 즉 물에 물비누가 추가되면 그 지점에서부터 표면장력이 약화되면서 점점 퍼져나가게 되는 것과 같다.
  - 두 번째 실험은 유체의 흐름이 대류 흐름과 관련되는지를 검증하기 위한 실험이다. 얇은 기름층 위에 유리층이 있기 때문에 기름은 노출된 표면을 갖지 않는다. 이 정도의 두께에서 표면 장력의 영향을 제거했을 때 대류의 흐름이 나타나는지의 여부를 확인하기 위한 장치이다. 이 때 유체 흐름이 관찰되지 않으면 부력에 의한 대류가 작용하지 않았다는 것을 의미한다. 만약 계피 가루가 퍼져나가고 기름 전체에서 소용돌이친다면 대류의 흐름이 작용한다는 것을 의미한다. 이 경우 대류의 흐름이 없이 표면장력의 변화만을 관찰하기 위해서는 기름의

두께를 더욱 얇게 하여 다시 실험해야 한다.
- 이 두 개의 도표에서는 부력에 의한 대류 흐름(윗 그림)과 표면장력에 의한 대류 흐름(아래 그림)의 차이를 보여준다. 위쪽 도표에서의 흐름은 바닥을 가열함으로써 만들어진 유체 밀도 변화에 의해 만들어진다. 아래쪽 도표에서의 흐름은 가열된 판 위에서 표면 장력이 감소해 만들어진다.

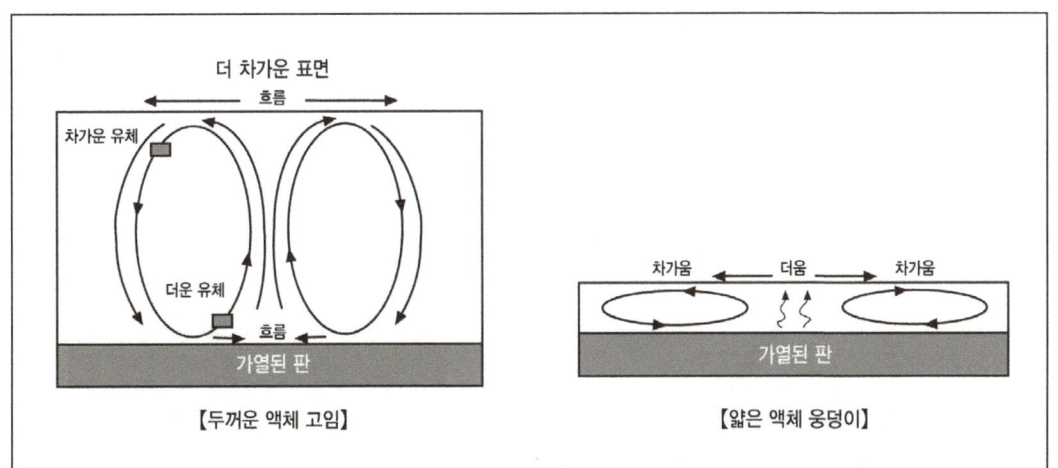

 ## 심화학습

- 기름 온도를 낮추는 것은 표면장력에 어떤 영향을 줄 것인지 예상해보고, 그것을 관찰하기 위한 방법을 생각하게 한다. 직접 실험, 관찰한다.
- 대류성 흐름의 모양을 비디오테이프로 녹화하고 다른 속도로 재생시켜 표면 장력에 의한 흐름이 어떻게 전개되는지 보다 상세히 본다.
- 이 활동에서 본 무늬와 유사한 진흙의 균열 같은 자연적인 무늬를 찾아본다.
  이것은 어떠한 방법으로 만들어진 것일까?

 ## 지도상 유의점

- 이 활동은 학생 활동이나 소그룹의 학생을 위한 교실 시연으로 할 수 있다.
  시연으로 하는 경우 학생들이 표면 장력에 의한 흐름 활동을 실시하는 동안 활동을 준비할 수 있다.
  시연 활동을 하는 동안 소그룹을 교대하게 한다.
- 시연을 위해 페트리 접시를 반드시 사용한다. 교사 자신과 학생을 위한 보호안경도 제공하도록 한다.
- 핫 플레이트의 가열 표면을 평평하게 하는 것이 중요하다. 그렇지 않으면 기름을 더 넣어 페트리 접시 바닥을 덮을 필요가 있다.
- 실험을 성공적으로 하기 위해서 얇은 기름층을 만드는 것이 필수적이다. 1~2밀리미터 차수의 얇은 층에서는 대류의 흐름이 거의 보이지 않는다.

- 얇은 층에서는 대류 흐름이 나타날 공간이 충분하지 않다.
  그래서 열은 얇은 층을 통해 표면으로 매우 빠르게 전도되면서 액체의 아랫부분과 윗부분이 거의 동일한 온도에 있게 한다. 따라서 대류의 흐름이 나타나지 않게 되는 것이다.
- 마이크로중력 과학자가 표면 장력에 대해 이해하는 것이 왜 중요한가에 대해 학급 토의를 실시한다.

온도에 따라 표면장력은 어떻게 변할까?

학년   반
이름

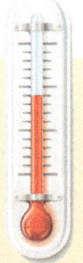

페트리 접시에 열을 가해 기름의 온도를 높이면 표면장력은 어떻게 변할까요?
표면장력은 온도에 따라 달라집니다. 얇은 액체를 이용해서 온도가 표면장력에 어떠한 영향을 주는지 관찰해 봅시다.

도전
과제

이것이 필요해요

요리용 기름, 계피 가루, 페트리 접시와 덮개 2개, 실험실용 핫 플레이트내열 장갑, 핫 패드 또는 집게, 얼음, 보호안경

예상하기

① 온도가 올라가면 표면장력은 (감소한다. 증가한다)
② 온도가 내려가면 표면장력은 (감소한다. 증가한다)

활동순서

① 첫 번째 페트리 접시 바닥에 열을 가했을 때 요리용 기름의 얇은 웅덩이에 나타난 유체 흐름 형태를 스케치해 봅시다. 화살표로 유체가 흐른 방향을 나타냅니다.
② 두 번째 페트리 접시 바닥에 열을 가했을 때 나타난 유체 흐름의 형태를 스케치해봅시다. 관찰된 유체 흐름의 방향을 화살표로 나타내 봅시다.

【첫번째 접시】

【두번째 접시】

 **활동 결과**

① 온도가 상승하면 표면장력은 (감소한다, 증가한다)
   이 현상이 발생한 이유는 무엇일까요?

② 온도가 상승하면 표면장력은 (감소할 것, 증가할 것)이다.
   어떻게 이것을 관찰할 수 있을까요?

③ 마이크로중력 과학자가 표면장력을 이해하는 것이 왜 중요할지 생각해 봅시다.

 읽을 거리

표면장력

달 궤도 탐사우주 왕복선과 국제 우주 정거장에서 실시하는 실험에서 마이크로중력 때문에 실제로 부력은 제거됩니다. 표면장력은 중력에 의한 현상이 아니에요.
그래서 마이크로중력 환경에서 표면장력은 그대로 남아 있으며 중력의 영향이 없으므로 온전히 표면장력에 관한 연구를 할 수 있는 거지요. 과학자들은 마이크로중력에서 표면장력에 의한 흐름을 이해하려고 노력 중이랍니다.

부력에 의한 대류 흐름

두껍게 고인 액체를 아래에서 가열할 때에는 바닥에서 액체가 팽창하여 밀도가 낮아집니다.
부력 때문에 밀도가 낮은 액체는 퍼져나가는 웅덩이의 위로 올라갑니다. 더 차가운 주위 액체는 위로 올라간 더운 액체의 자리를 차지하기 위해 이동합니다. 이 액체는 가열되어 밀도가 낮아지고, 위로 올라가 열이 가해지는 동안 지속되는 주기를 만들게 됩니다.
이 주기를 부력에 의한 대류 흐름이라 한답니다.

 # 양초의 불꽃

지구의 가정에서 화재가 발생 할 수 있듯, 우주 정거장에서도 화재의 가능성이 있다. 그러나 지구에서와 달리 우주정거장에서 불이 났을 경우 밖으로 나와서 마냥 소방대가 도착하기를 기다릴 수 없다. 그러므로 불을 빠르고 안전하게 끄기 위해서는 마이크로 중력 상태에서는 불이 어떻게 발생하고 번지는지 이해하는 것이 꼭 필요하다. 물론 최선의 목표는 우주선 안에서 화재가 절대로 일어나지 않도록 하는 것이다. 이 실험을 통해 지구상에서 양초의 불꽃 특성을 관찰해보고, 마이크로 중력 상태에서는 어떠한 다른 특성을 나타나는지 관찰하고 이해할 수 있도록 한다.

 ### 학습목표

양초 불꽃의 특성을 관찰하고, 관찰 조건을 예상하기 어려운 마이크로중력 상태에서 양초 불꽃의 특성을 관찰할 수 있다.

 해당학년 : 4~6학년   **소요시간 :** 60분

 ### 이것이 필요해요

실험 1 : 생일 초 2개, 저울(정밀도 0.1g 이상), 초침이 있는 시계 또는 스톱워치, 펜치, 철사(화훼용 또는 공예용), 알루미늄 호일, 보호안경

실험 2 : 투명한 플라스틱 병과 뚜껑(용량 2리터), 점토, 생일 초, 성냥, 보호 안경

※ 비디오 촬영을 준비한다면 카메라를 준비해 촬영 할 수 있도록 한다.

 ### 이렇게 준비해요

- 철사는 꽃을 묶거나 빵 비닐을 묶는 가늘고 휘어지기 쉬운 종류의 철사를 사용하도록 한다. 기울어진 양초가 탈 때 녹을 수 있으므로 플라스틱 철사는 사용하지 않는다.
- 투명한 플라스틱 병은 여러 가게에서 구입할 수 있다. 너무 작은 것은 산소가 너무 빨리 소모되어 관찰하기 어려우므로 적당한 크기를 선택하도록 한다.

무중력 이야기

핵심단어

연소 : 물질이 빛, 열 또는 불꽃을 내면서 산소와 빠르게 결합하는 반응
대류 : 기체나 액체에서 물질이 열을 가지고 이동하면서 열이 전달되는 현상
전도 : 열 또는 전기가 물질을 통하여 전달되는 현상
복사 : 물체로부터 전자기파가 사방으로 방출되는 현상
확산 : 서로 성분이 다른 고체, 액체 및 기체를 구성하고 원자와 분자가 서로 흩어지면서 섞이는 현상

활동 내용

① 미리 준비하기
- 각 실험대에 활동에 필요한 재료들이 준비되어 있는지 확인한다.
- 알루미늄 호일은 미리 20㎝의 정사각형으로 잘라서 나눠준다.

② 문제 확인하기
- 이미 알려준 실험을 통해 중력이 작용하는 지구 환경과 마이크로중력 상태의 우주 환경에서 양초의 불꽃의 특성을 관찰하고 이해할 수 있다.
  실험1. 똑바로 수직하게 세워놓은 양초와 기울여 놓은 양초를 태우면서 각각 어떤 일이 일어나는지 관찰해 봅시다.
  실험2. 타고 있는 양초를 플라스틱 병에 집어넣으면 어떤 일이 벌어지는지 관찰해봅시다.

③ 예상하기
- 사전 지식을 활용하여 실험 결과가 어떻게 될지 학생들 각자 또는 모둠별로 예상해보도록 한다.
1. 기울여 놓은 양초는 똑바로 세워 놓은 양초보다 (빨리, 느리게) 탈 것이다.
2. 병에 담겨 떨어지는 동안 양초의 불꽃은 _____

④ 절차
[실험1-지구에서 타는 양초]
- 아래 그림과 같이 각각의 초에 받칠 철사 받침대를 만든다.

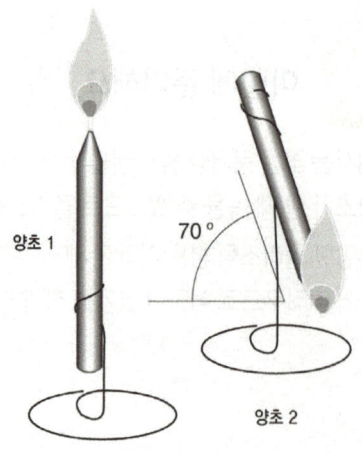

58

- 저울에 양초를 올려 각각의 무게를 측정하고 나눠준 활동지의 도표(무게 질량표)에 기록한다.
- 보안경을 착용하도록 한다.
- 양초 1을 알루미늄 판 위에 놓고 불을 붙여 1분간 타도록 둔다.
  양초가 타는 동안 어떤 일이 일어나는지 관찰하여 적는다. 양초의 무게를 측정하고 도표에 기록한다.
- 양초 2를 알루미늄 판 위에 놓고 불을 붙여 1분간 타도록 둔다.
  양초가 타는 동안 어떤 일이 일어나는지 관찰하여 적는다.
- 양초2의 무게를 측정하고 도표에 기록한다. 각 양초의 질량 차이를 계산하고 표에 기록한다.

[실험2-우주에서 타는 양초]

- 점토 덩어리를 왼쪽 그림과 같이 병뚜껑 안쪽 면에 눌러 고정한 후, 양초의 끝을 고정된 점토 속으로 밀어 넣어 꽂는다.
- 보호안경을 착용한다.
- 양초에 불을 붙이고 병을 거꾸로 하여 양초를 덮으면서 뚜껑을 닫는다.
  양초가 꺼질 때까지 관찰하고, 양초 불꽃의 모양을 그리도록 한다.
- 병을 열어 병 안 쪽의 공기를 방출시킨 후 양초에 다시 불을 붙이고 위와 같은 방법으로 병을 닫는다.
  이 병을 바닥에서 가능한 한 높이 들고 바닥으로 떨어뜨린다.
- 위의 단계를 두 번 더 반복하며 관찰한 내용을 기록한다.

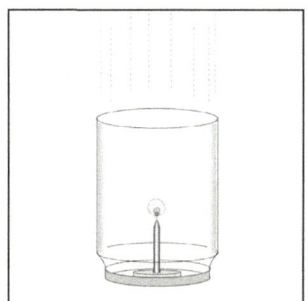

5 실험결과 토의 및 결론

[실험1-지구에서 타는 양초]

- **결과** : 기울어진 양초가 바로 세워진 양초보다 더 빨리 탄다.
- **결론** : 양초 불꽃의 표면에서는 연료(밀랍증기)와 산소가 만나 높은 온도로 타면서 열과 빛을 발산한다. 불꽃에서 나오는 열은 심지 아래로 전도되어 밀랍을 녹인다. 모세관 작용으로 녹은 액체 밀랍은 심지를 타고 위로 올라간다. 이렇게 올라간 액체 밀랍은 불꽃에 가까워지면 불꽃의 열에 의해 증발된다. 밀랍증기는 불꽃 속으로 빨려 들어가서 산소와 만나 연소한다. 발생한 열은 다시 더 많은 밀랍을 녹인다. 주변 공기로부터 신선한 산소가 불꽃 속으로 빨려 들어가는데 불꽃에서 방출된 열에 의해 대류의 흐름이 만들어지기 때문이다. 연소하면서 만들어진 뜨거운 기체는 주위의 차가운 공기보다 밀도가 작아진다. 이 기체는 올라가면서 신선한 산소를 포함한 주변 공기를 불꽃 속으로 빨아들인다. 뜨거운 기체는 위로 올라가면서 아직 타지 않은 연료와 산화제를 혼합시키며 연소를 하게 된다.

  기울어진 양초의 밀랍은 불꽃 위에 있다. 대류 흐름에 의해 많은 열이 양초에 전달되면서 바로 세워진 양초보다 더 빨리 녹게 된다. 녹은 밀랍의 대부분은 지구의 중력에 의해 당겨지면서 양초에서 떨어진다. 결국 심지가 많이 노출되어 양초가 더 빨리 타게 되는 것이다.

[실험2-우주에서 타는 양초]
- **결과** : 병에 담겨 떨어지는 동안 양초의 불꽃모양은 구 모양으로 탄다.
- **결론** : 지구에서의 양초의 불꽃 모양은 일반적으로 떨어지는 눈물 모양이다. 그러나 마이크로중력에서는 양초 불꽃의 모양은 공 모양이 된다. 지구에서 불꽃은 대류현상에 의해 상승하는 고온의 기체에 의해 위로 당겨지는 모양이 된다. 반면 마이크로중력 상태에서는 중력에 의한 대류 흐름이 상당히 감소되어 위쪽으로 산소의 전달이 잘 이루어지지 않는다. 대신 산소는 확산 과정으로 인해 불꽃 쪽으로 서서히 움직이면서 연소가 이루어져 불꽃 모양이 공 모양이 된다.

평가
- 양초 불꽃 연소에 대하여 실험하고 제출한 학습지를 통해 평가한다.
- 모둠별로 결과를 토대로 각기 얻은 결론을 적어 완성한 학습지를 제출하게 한다.

심화학습
- 실험1의 후속활동 : 대류 상자를 이용하여 대류의 흐름을 조사한다.

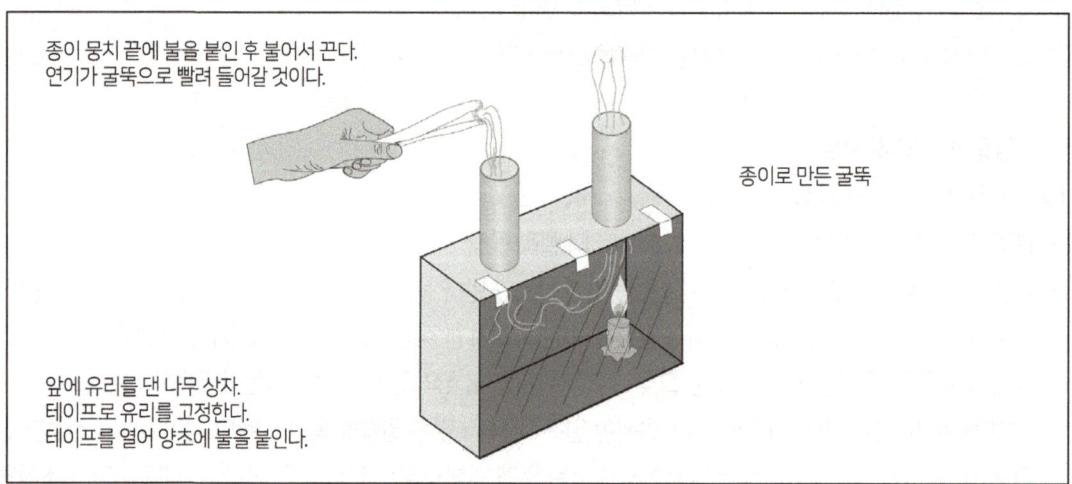

- 실험1의 후속활동 :
1. 양초 무게를 측정한 후 수평으로 고정하여 1분간 태운다. 양초가 탈 때 양초 불꽃의 색깔, 크기, 모양을 기록한다. 다시 양초 무게를 측정하고 줄어든 양초의 무게를 계산 하라.
2. 양초 무게를 측정한 후 큰 병 안에 수평으로 고정하여 1분간 태운다. 양초가 탈 때 불꽃의 색상, 크기, 모양, 연소 전후의 무게를 기록한다.
3. 위 2개의 양초가 완전히 연소되도록 놓아둔다.
   각 양초가 타는데 걸린 시간을 기록하여 속도가 어떻게 왜 변하는지 설명해본다.
4. 서로 가까이 있는 양초 2개를 태운다. 연소 속도를 기록하고 양초 무게를 측정한다. 각 양초가 단독으로 연소된 때보다 연소 속도가 빠른지 느린지 계산해보고 그 이유를 설명해본다.

지도상 유의점

- 실험2에서 점토를 이용해 양초를 고정하는데, 몇 번 낙하 실험을 하다보면 양초가 빠지거나 기울어지기 쉽다. 나무 블록과 나사를 이용하면 오래 사용할 수 있는 양초 낙하 병을 만들 수 있다. 나무블록과 나사를 이용하여 양초를 고정하는 방법은 아래와 같다.
  ① 블록 중앙에 양초 끝을 고정할 구멍을 뚫는다.
  ② 나무에 나사용 길잡이 구멍을 두 개 뚫는다.
  ③ 플라스틱 병 뚜껑을 관통하는 구멍을 뚫는다.
  ④ 블록을 제자리에 놓은 상태에서 뚜껑 구멍을 관통해서 나사를 끼우고 길잡이 구멍을 뚫어둔 나무 블록에 고정한다.
- 학생들은 조사활동을 하면서 양초를 3회 이상 떨어뜨려보도록 한다.
- 한 학생은 양초를 떨어뜨리면 다른 학생이 이 양초를 잡고, 세 번째 학생은 떨어질 때 양초 불꽃의 특성을 관찰하도록 한다. 이 작업은 각 학생이 각각의 작업을 한 번씩 하도록 그룹 내에서 돌아가면서 한다.
- 불을 사용하므로 이 활동을 하는 모든 사람은 보호안경을 착용해야 한다.
  이 활동은 어두운 교실에서 하는 것이 가장 좋다. 불을 어둡게 했을 때 모두가 양초를 떨어뜨릴 준비가 되어 있도록 학생 그룹의 관찰 작업을 순서 있게 정리한다.

양초의 불꽃 1

학년   반
이름

하나의 양초는 바로 세우고 다른 하나는 기울어진 상태로 타게 하면 어떤 차이를 볼 수 있을까요?

지구상의 모든 물체는 중력의 영향을 받습니다. 두 개의 양초를 이용하여 중력의 영향에 따라 양초가 타는 속도가 어떻게 달라지는지 알아봅시다.

이것이 필요해요

생일 초 2개, 저울, 초침이 있는 시계 또는 스톱 워치, 펜치, 철사, 알루미늄 호일, 보호안경

핵심단어

연 소 : 물질이 빛,열 또는 불꽃을 내면서 빠르게 [   ] 와 결합하는 반응
대 류 : 기체나 액체에서 [   ] 이 열을 가지고 이동하면서 열이 전달되는 현상
전 도 : [   ] 또는 [   ] 가 물질을 통하여 전달되는 현상
복 사 : 물체로부터 [   ] 이나 [   ] 가 사방으로 방출되는 현상
[   ] : 서로 성분이 다른 고체, 액체 및 기체를 구성하고 원자와 분자가 서로 흩어지면서 섞이는 현상

생각해요

기울어진 양초는 바로 세워진 양초보다 더 (빨리, 늦게) 탈 것이다.

활동순서

① 각각의 초를 받칠 철사 받침대를 만듭니다.
② 저울에 양초를 올려 각각의 무게를 측정하고 도표에 기록합니다.
③ 보호안경을 착용합니다.

62

④ 양초 1을 알루미늄 판 위에 놓고 불을 붙여 1분간 타도록 합니다.
  양초가 타면서 어떤 일이 일어나는지 관찰하고 관찰 내용을 적습니다.
⑤ 양초1의 무게를 측정하고 도표에 기록합니다.
⑥ 양초2를 알루미늄 판 위에 놓고 불을 붙여 1분간 타도록 합니다.
  양초가 타면서 어떤 일이 일어나는지 관찰하고 관찰 내용을 적습니다.
⑦ 양초2의 무게를 측정하고 도표에 기록합니다.
  각 양초의 무게 차이를 계산하고 표에 답을 기록합니다.

 활동 결과 및 결론

① 관찰 내용을 아래에 요약해봅시다.

양초 1	
양초 2	

② 양초 무게표

	1	2
연소 전 무게		
연소 후 무게		
차 이		

③ 기울어진 양초는 바로 세워진 양초보다 더 (빨리, 늦게) 탄다.
④ 결 론 : 이 현상이 발생한 이유는 _____
_____
_____
_____

 무중력 이야기

양초의 불꽃 2

학년   반
이름

도전 과제

타고 있는 양초를 플라스틱 병에 집어넣고 떨어뜨리면 어떻게 될까요?

지구에서는 양초가 탈 때 눈물이 떨어지는 모양의 불꽃이 생깁니다. 중력의 영향이 거의 없는 우주 공간에서는 양초의 불꽃 모양이 지구에서와 같이 같을지 또는 다를지 궁금해집니다.
이 실험은 마이크로중력 상태를 만들기 위해 양초를 플라스틱 컵에 담고 떨어뜨립니다. 이때 떨어지는 컵 속에 타고 있는 촛불의 모양을 잘 관찰해 봅시다.

이것이 필요해요

생투명한 플라스틱 병과 뚜껑(용량 2리터), 점토, 생일 초, 성냥, 보호 안경

생각해요

떨어지는 컵 속에 타고 있는 촛불의 모양은 _____

활동순서

① 점토 덩어리를 병뚜껑 안쪽 면에 눌러 고정시키고, 양초의 끝을 점토 속으로 밀어 넣어 꽂습니다.
② 보호안경을 착용합니다.
③ 양초에 불을 붙이고 병을 거꾸로 하여 양초를 덮으면서 뚜껑을 닫습니다.
④ 양초가 꺼질 때까지 관찰하고, 촛불 모양을 그립니다.
⑤ 병을 열어 안쪽의 공기를 내보냅니다.
⑥ 양초에 다시 불을 붙이고 병을 닫습니다.
⑦ 이 병을 바닥에서 가능한 한 높이 들고 바닥으로 떨어뜨립니다.
⑧ 위의 단계를 두 번 더 반복하며 관찰한 내용을 기록합니다.

활동 결과 및 결론

① 양초 불꽃 관찰 기록

	1	2	3
모양			
밝기			
색상			
기타			

② 떨어뜨리지 않은 촛불 모양과 비교했을 때, 떨어지는 컵 속에 타고 있는 촛불의 모양은

_____

_____

③ 이 현상이 발생한 이유는 무엇이라고 생각합니까?

_____

_____

_____

_____

읽을 거리

마이크로중력에서의 양초의 불꽃

과학자들은 여러 실험과 관찰을 통해서 중력이 작용하는 지구상의 불과 마이크로중력에서 존재하는 불에는 상당한 차이가 있음을 알게 되었어요.

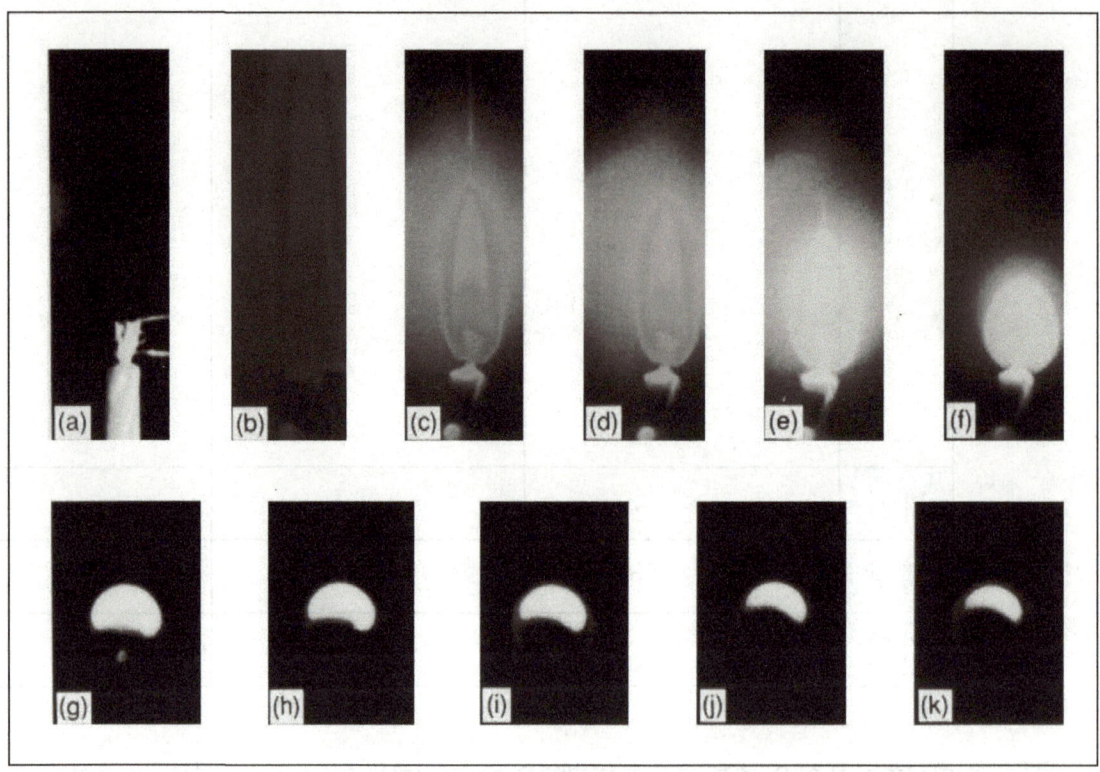

위의 그림은 NASA 루이스 연구 센터에 있는 132미터의 낙하 타워에서 실시한 연소 실험으로 5초 간격으로 촬영한 것입니다. 그림에 표시한 것처럼 불꽃의 모양은 나머지 낙하 전체에 걸쳐 일정한 것처럼 보이죠? 지구에는 눈물이 떨어지는 모양이 일반적이예요. 이와는 달리 마이크로중력에서 불꽃 모양은 구 모양이 된답니다. 왜 그럴까요? 대류현상에 의해 뜨거워진 기체가 위로 올라가면서 지구에서 불꽃 모양은 위로 당겨진 모양이 됩니다. 하지만 마이크로중력에서는 대류 흐름이 상당히 줄어들게 되면서 신선한 산소가 양초에 전달되지 않습니다. 대신 산소는 확산 과정으로 인해 불꽃 쪽으로 천천히 이동합니다. 그래서 위로 올라간 모양이 아닌 동그란 공 모양이 되죠. 이와 같이 불꽃 모양이 서로 달랐던 이유는 바로 중력이 얼마나 작용을 하는가의 차이 때문이랍니다.

2. 우주생물

 단원 소개

우주 생물 단원은 다른 행성에 생물체가 존재하는지에 관련한 단원이다. 현재까지 지구 이외의 행성에 생물체가 존재한다거나 과거에 존재했다는 결정적인 증거가 없다. 우리가 생명에 대해 알고 있는 사실은 지구를 연구해서 얻은 것이 전부이다. 그러므로 자신의 생태계를 벗어난 생물체를 찾을 수 있는 지역과 그 방법을 발견하기 위해 지구에 존재하는 생물체에 관한 연구를 바탕으로 접근해야 한다. 이 단원은 생물체의 특징을 이해하고 지구 이외의 곳에 생물체가 존재하는지에 대해 관심을 갖도록 하는 활동으로 구성되었다.

주제 안내

순	주 제	대상학년	소요시간
1	외계인의 존재	4~6학년	40분
2	생물체의 특성	4~6학년	80분
3	생물체의 생존 조건	4~6학년	80분
4	미생물	4~6학년	80분
5	다른 행성에도 생물체가 존재할까요?	4~6학년	40분

 지도상 유의점

활동 1,2에서 생물체에 대한 정의를 할 때 가급적 현장 학습을 통해 이루어지도록 한다. 활동 3에서 생물체가 생존하는 조건에 대해 보다 많은 것을 알게 한 후 외계 생물체로 관심을 넓혀 우주에서 이러한 요건을 충족하는 장소를 찾아보게 한다. 활동 4에서는 미생물을 생물체로 인식할 수 있게 하는 것에 주안점을 두어 지도한다. 활동4의 단계를 거치면서 활동 5에서는 과연 외계에도 생명체가 존재하는지에 대한 처음의 궁금증으로

거슬러 올라가 대답을 해 보는 활동이다.

본 단원은 각 활동이 유기적인 연계를 이루어 구성되어 있기 때문에 각각의 활동을 단편적으로 지도하지 말고 체계적 관련성을 유지해서 지도하는 것이 바람직하다.

4 배경 지식

방문할 웹사이트

▶ 우주생물학에 대한 NASA의 연구 관련 정보
  우주 생물학 : 살아 있는 우주 조사
  http://astrobiology.arc.nasa.gov

▶ 우주 비행사 모험, 서식이 가능한 행성의 조사 및 설계
  http://astrobiology.arc.nasa.gov

▶ 화성에 대한 임무 관련 정보
  http://jpl.nasa.gov/

▶ 타이탄의 최근 이미지 관련 정보
  http://saturn.jpl.nasa.gov/home/index.cfm

▶ 지구에 존재하는 극한의 생물체 관련 정보
  미국 자연사박물관 탐험 : 흑색 혈수구(Black Smoker)₩
  http://www.amnh.org/nationalcenter/expeditions/blacksmokers/

▶ 미생물 관련 정보
  국제 미생물 생태계 학회(Intenational society for Microbial Ecology)
  http://www.microbes.org

 # 외계인의 존재

외계 생물체가 존재할 가능성에 관해서 토론한 다음, 의견을 기록하여 그래프로 그릴 수 있도록 지도한다. 과학 일지를 사용해 자신의 생각을 기록하고 설명하는 활동이다.

 ### 학습목표

다른 행성에 생물체가 존재하는지 토론하고 조사 발표한다.

 해당학년 : 4~6학년   **소요시간** : 40분

 ### 이것이 필요해요

화이트 보드, 칠판, 분필, 게시용 종이, 마커, 과학일지(학생당 1권), 크레용, 색연필, 접착식 메모지(선택사항)

 ### 이렇게 준비해요

관찰 및 조사 결과와 학생들의 생각을 기록할 과학일지는 시중에서 판매하는 것을 사용할 수도 있고, 다음과 같이 만들어 사용할 수도 있다.
① 도화지로 폴더를 만들어 낱장의 종이들을 보관할 수 있다.
② 큰 종이를 반으로 접어 스테이플러로 찍거나 구멍을 뚫어 끈이나 실로 묶는다.

 ### 활동 내용

1 주제 토론하기
- 외계 생물체에 대해 어떻게 생각하는지 토론을 한다.
  - 외계 생물체 또는 다른 행성에서 온 사람들이나 동물에 대한 내용 을 읽은 적이 있나요? 그 내용에 대해 간단하게 이야기해 봅시다.
  - 지구 이외의 행성에 생물체가 있다고 생각합니까? 그 이유는 무엇입니까?

우주 생물

2 의견 조사하기
- 학생들의 의견을 조사한다.
  - 다른 행성에 생물체가 있습니까? (예 / 아니오 / 잘 모르겠음)

3 과학일지 소개하기
- 조사결과를 일지에 기록한다.
  - 조사결과를 과학일지에 막대 그래프나 원 그래프로 작성한다.

4 결론
- 다른 행성에 생물체가 존재할 가능성에 대하여 생각해 본다. 다른 행성에 있으리라 생각하는 생물체가 어떤 모습을 하고 있을지 상상하는 일은 흥미롭다. 지금까지 지구를 벗어나 우주에 살고 있는 생물체를 발견한 적이 없기 때문에 실제로 우리는 우주의 다른 곳에 생물체가 존재하는지 여부를 알 수 없다.
  지금 과학자들도 이러한 의문에 대해 연구하면서 그에 대한 답을 찾기 위한 연구를 하고 있다.
- 우리가 알고 있는 유일한 생물체는 지구에만 있다.
  이 때문에 우주 생물학을 연구하는 과학자들은 다른 곳에서 생물체를 찾을 수 있는 장소와 방법에 대해 연구하고 있다. 우주 생물학자들은 이 사실을 밝혀내려고 지구의 생물체 모습에 대해 보다 많은 특징을 찾아내는 데 관심을 가지고 있다.

 ## 지도상 유의점

- 주제 토론을 할 때 모든 학생이 갖고 있는 생각을 말하고 이유를 제시할 수 있도록 한다.
- 의견 조사 과정에서 정답은 없고 모든 의견을 기꺼이 받아준다는 것을 말해주어 학생들이 자유롭게 발표할 수 있는 분위기를 만든다.

 # 생물체의 특성

살아있는 물체와 살아 있지 않은 물체를 비교해 생물체를 정의하고 야외로 나가 생물체를 탐색한다. 세 가지 표본의 속성을 조사하고 생물체가 들어 있는 것을 찾아낸 다음 생물체의 특성에 대해 배운 내용을 검토하는 활동이다.

 학습목표

생물체의 정의와 특성을 이해한다.

 해당학년 : 4~6학년　　 **소요시간** : 80분

 이것이 필요해요

활동 1 : 화이트보드, 마커, 물체 한 쌍-생물 (곤충, 식물 또는 애완동물) 하나와 무생물 (생명이 없는 물체), 돋보기

활동 2 : 깨끗한 그릇 3개, 뜨거운 수돗물이 담긴 그릇 1개, 큰 스푼 3개 분량의 모래, 작은 스푼 3개 분량의 설탕, 드라이이스트 반개, 속성 제산제 알약 1개 으깬 것, 돋보기, 작은 종이 3장, 스푼 1개, 화이트보드, 마커

 이렇게 준비해요

- 무생물을 준비할 때 목재, 가죽처럼 한 때 살아 있던 생물체에서 만들어진 것은 피하도록 한다.
- 사전에 현장 학습을 할 수 있는 야외 장소를 찾아 놓는다.

 **핵심개념**

- 생물체의 특성 : 에너지를 이용하고 성장하며 번식하는 능력
- 생물체에는 에너지의 근원인 물과 머무를 수 있는 안정적인 환경이 필 요하다.
 - 에너지원 : 생물체의 종류에 따라 다양하다. 동물은 먹이, 식물은 토양과 햇빛, 그리고 심해 생물체의 경우 해저 화산의 열과 물 속의 양분이 에너지원이 된다.
 - 안정적인 환경 : 시간이 경과하는 동안 일정한 범위로 안정될 수 있는 조건으로 온도, 습도 등을 예로 들 수 있다.

우주 생물

활동 내용

【활동1】

1 주제 토론하기

- 종이에 선택한 물체 한 쌍의 이름을 기록한다.
- 하나는 생물체이며 다른 하나는 무생물체라는 것을 설명한다.
  - 이 중에 살아 있는 물체는 어느 것입니까?
  - 살아 있는 물체를 알아내는 방법은 무엇입니까?
  - 살아 있는 물체의 특성은 무엇입니까?
    살아 있는 생물체에 대한 생각을 기록한다.

2 현장조사 준비하기

- 현장 학습의 목적을 설명한다.
  - 지구의 생물체에 대한 탐색을 위한 야외 활동이다.
- 안전 규칙을 정하고 학생들에게 설명한다.
  - 뛰지 않고 걸어 다니며, 선생님의 시야를 벗어나지 않도록 한다.
  - 시각, 후각 및 청각을 이용하여 조사하며, 함부로 만지거나 냄새를 맡지 않는다.
  - 발견한 그대로 현장에 놓아 두어 자연을 훼손하지 않도록 한다.
- 돋보기를 나눠주고 사용하는 방법을 보여준다.

3 야외 조사하기

- 야외로 나가 발견하는 생물체를 글과 그림을 이용해 가능한 많이 기록하도록 한다.

4 조사내용 토의하기

- 야외에서 발견한 내용에 대해 조별로 토론을 한다.
- 보드나 종이에 발견한 내용들을 대답하고 기록한다.
- 다음과 같은 내용으로 토의한다.
  - 무엇을 통해 살아 있다고 확인했습니까?
  - 어떻게 살아 있다고 판단했습니까?
  - 혼동이 되는 물체가 있었습니까?
  - 물체가 살아 있는 것인지 여부가 확실하지 않았습니까?
  - 어떻게 하면 보다 많은 것을 발견할 수 있습니까?

【활동2】

1 사전 준비하기

- 각 조별로 3개의 병에 라벨을 붙이고 아래 도표와 같이 건조한 양분을 채운다.

병	모 래	다른 양분
1	테이블 스푼 3개	넣지 않음
2	테이블 스푼 3개	드라이 이스트 반개
3	테이블 스푼 3개	속성 제산제 알약 1개 으깬 것

- 작은 컵에 설탕 몇 스푼이나 각 조별로 준비한 설탕을 넣는다.
- 뜨거운 수돗물을 그릇에 담아두고 미리 나누어 주지는 않는다.
- 각 실험대에 돋보기, 종이 및 스푼을 진열한다.

2 도전과제 소개하기
- 때로는 어떤 것이 살아 있는지 설명하기 어려울 때가 있다는 것을 설명한다.
- 학생들이 생물체에서 어떤 것을 발견했는지 검토한다.

3 표본 관찰하기
- 3개의 병에 들어있는 표본을 관찰하면서 살아 있는 물체가 들어 있는지 찾아보게 한다.
 - 신비로운 표본이라 말하여 학생들이 호기심을 가지고 세밀하게 관찰 할 수 있게 한다.
   냄새를 제외한 모든 감각을 사용하도록 한다.
 - 돋보기로 자세히 관찰하거나 만져보고 소리를 들어본다.
 - 한 번에 하나씩 각 병에서 작은 표본을 떠 작은 종이 위에 놓는다.
 - 관찰한 후에는 표본을 다시 병에 넣는다.

4 관찰결과 토론하기
- 모든 참가자의 관찰이 끝나면 다음과 같은 질문을 하여 토론한다.
 - 신비로운 표본에 생물체가 담겨 있습니까?
 - 왜 그렇게 생각합니까?

5 표본의 변화 관찰하기
- 표본에 설탕을 첨가한다.
 - 각 조별로 작은 컵과 설탕을 나누어 준다.
 - 각 표본에 한 스푼 또는 한 덩이 설탕을 첨가하도록 한 뒤 변화를 관찰한다.
   "지금 표본에 먹이를 추가했습니다. 어느 표본에서 어떤 변화가 생겼나요?"
- 따뜻한 물을 첨가하고 변화를 관찰한다.
 - 각 조별로 뜨거운 물이 담긴 그릇을 하나씩 준다.
 - 표본을 덮을 정도로 충분한 물을 각 병에 넣게 한다.
 - 학생들에게 변화를 관찰하게 한다.
 - 예상되는 현상 :

1번 병	변화 없음.
2번 병	약 5분 뒤 변화가 나타나기 시작하면서 계속해서 거품이 발생한다.
3번 병	먼저 격렬하게 '쉿쉿'하는 소리가 나고 천천히 느려지다가 멈춘다.

6 실험결과 토론하기

- 다음과 같이 질문하여 토론한다.
  - 표본 중에 생물체가 있다고 생각합니까? 그 이유는 무엇입니까?
  - 표본에 생물체가 담겨 있는지 확인하기 위해 표본에 대해 알고 싶은 것이 있습니까?

7 재 실험하기

- 각각의 병에 더 많은 설탕을 첨가한다.
  - 더 많은 먹이(설탕)을 첨가하면 3번 병에서 다시 '쉿쉿'하는 소리가 나기 시작합니까?
  - 2번 병에서는 어떤 변화가 일어납니까?
- 3번 병에 물을 더 많이 넣는다.
  - 전에 보았던 반응이 다시 시작됩니까?
- 예상되는 반응

1번 병	여전히 변화 없음
2번 병	변화가 계속 된다.
3번 병	'쉿쉿'하는 소리가 멈추고 난 다음 설탕이나 물을 추가해도 다시 반응이 일어나지 않는다.(속성 제산제는 물에서 완전히 용해된다.)

8 내용물 확인하기

- 1번과 3번의 내용물을 말한 뒤에 2번 병에 대해 말한다.
- 효소에 대해 설명한다.
  - 효소를 사용한 적이 있습니까? 무엇 때문에 사용했습니까?
  - 효소는 물과 먹이(설탕)이 주어질 때까지는 휴면 상태에 있는 작은 물체라는 것을 설명한다. 효소는 병에서 그랬던 것처럼 양분에서 성장하고 기포와 공기 주머니를 만들기 때문에 빵이 부풀어 오르게 하는데 사용된다. 효소와 제산제를 비교한다.
  - 제산제가 물과 화학적 결합을 하기 때문에 '쉿쉿'하는 소리가 난다는 점을 설명한다.
  - 화학물질을 사용하고 기포가 완전이 빠져나간 후에 소다 캔을 그대로 두면 평평해질 때처럼 '쉿쉿'하는 소리가 멈춘다. 화학물질에는 살아 있는 것이 없었다.
    하지만 효소를 사용하면 먹을 수 있는 먹이가 있는 한 계속해서 기포가 생긴다.

9 결론

- 어떤 것이 살아 있다고 말할 수 있습니까?
  - 학생들에게 어떤 것이 살아 있는지, 살아 있지 않은지 말하는 방법에 대해 지금까지 배운 것을 공유하게 한다.
  - 자신의 생각과 다른 사람의 생각을 함께 이야기 나눈 후에 종이에 기록하게 한다.

 **지도상 유의점**

- 현장 학습 장소는 걸어서 가기 쉽고 다양한 생물체가 있으며 안전한 장소로 선택하도록 한다.
- 뜨거운 물을 미리 나누어 주지 않는다.

우주 생물

 생물체의 생존 조건

조별 활동을 통해 특정 생물체가 생존하기 위해 필요한 조건이 무엇인지 판단하고 기록하거나 그림을 그리는 활동이다.

학습목표

생물체가 살아가기 위해 필요한 것이 무엇인지 알 수 있다.

 해당학년 : 4~6학년   **소요시간 :** 80분

이것이 필요해요

활동 1 : 큰 종이 1장, 펜, 색연필, 크레용 또는 마커, 살아있는 식물 또는 동물의 그림 1개
활동 2 : "여기에 생물체가 살 수 있을까" 카드 1세트, "극한의 삶" 카드 1세트
※ 웹사이트 http://www.amnh.org/exhibitions/halltour/spectrum/fresh 참조

이렇게 준비해요

- 식물 또는 동물의 그림은 책, 포스터, 달력, 잡지, 카달로그 및 연하장 등에서 구할 수 있다.

활동 내용

【활동1】

1 미리 준비하기
- 교사와 학생들은 활동 전에 생물체 이미지를 미리 수집한다.

2 도전과제 소개하기
- 이전 활동에서 배운 내용을 복습한다.
 - 생물체가 무엇이며, 생물체와 무생물체를 구분하는 방법에 대해 학습하였다.
- 생물체가 생존하기 위해 필요한 것이 무엇인가에 대해 생각한다. 이런 생각은 지구 이외의 생물체가 존재할 수 있는 곳을 찾아내는데 도움이 될 수 있다.

3 도전과제 해결하기
- 조별로 살아있는 유기체 그림을 나누어 준다.
- 큰 종이에서 조별로 함께 작업을 하면서 유기체가 생존하기 위해 필요한 것을 그리거나 기록하게 한다.

4 도전과제 토의하기
- 각 조별로 생물체에 대한 생각과 생물체를 위한 요건을 공유하게 한다.
- 기본적인 생존을 위해 꼭 필요한 것과 삶의 질을 위한 부가적인 것을 구분한다.
  - 예를 들어 고양이의 경우, "고양이를 돌봐야 할 사람"은 생존을 위해 절대적으로 필요한 요건이 아니다.

5 결론
- 다음과 같은 질문을 통해 학습한 내용을 정리한다.
  - 많은 생물체들에게 공통적으로 필요한 요건을 무엇입니까?
  - 비슷하게 필요한 것은 어떤 것들입니까? 다른 것은 무엇입니까?
  - 생물체 모두가 동일한 장소에서 생존할 수 없는 이유는 무엇입니까?

【활동2】

1 카드 분류하기
- 2~3명으로 이루어진 각 조에 카드 한 세트를 나눠준다.
- 카드를 "예"(이 환경에서 생물체가 살 수 있음), "아니요", "잘 모르겠음"의 세 가지로 분류한다.

2 인터넷 검색하기
- 웹사이트를 연결해서 카드에 묘사된 각각의 환경에서 생존할 수 있는 생물체를 검색한다.
  - 온라인에 나타난 생물체를 관찰한 다음, 생물체를 카드에 묘사된 환경과 맞추게 된다.
  - 시간이 충분한 경우에는 학생들이 웹사이트를 직접 조사한다.

3 도전과제 토의하기
- 다음과 같은 내용으로 토의한다.
  - 어떤 짝을 맞추었습니까? 어떤 생물체를 어떤 환경과 맞추었습니까?
  - 짝이 맞는 생물체가 없는 환경이 있습니까?
  - 환경과 생물체의 짝 중에서 의외라고 생각한 것이 있습니까? 그 이유는 무엇입니까?
- 극한 생물체 카드를 이용해 짝 맞추기를 끝낸다.
  - 맞출 수 있는 생물체가 없는 환경의 경우, 최근에 발견된 생물체 중 극한의 환경에서 생존할 수 있는 것들이 있다는 것을 알게 한다.

4 결론
- 각 조별로 "생물체는 어디에 사는가?" 라는 제목이 적힌 큰 종이에 연필, 크레용, 마커를 이용해 종이 위쪽에 답을 쓰고 그림을 그리게 한다.
- 결과를 적은 종이를 걸어 두고 학생들이 자신이 발견한 결과를 공유하도록 한다.

 **지도상 유의점**

- 생물체가 존재하기 위해 필요한 조건에 대해 충분히 알아보고 우주의 생물체의 존재할 수 있는지에 대해 생각해 보게 한다.
- 생물체는 에너지의 근원이 물과 머무를 수 있는 안정적인 환경이 필요함을 알게 한다.

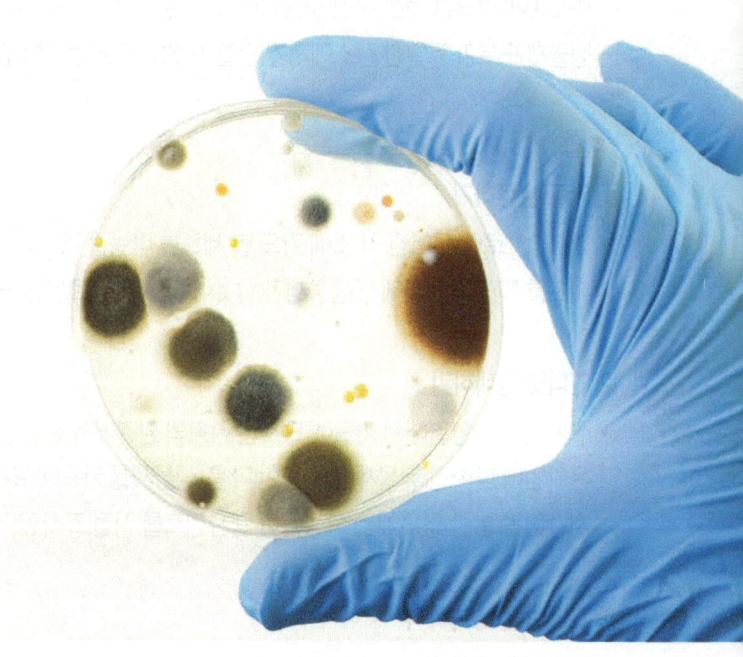

 # 미생물

　　감자에서 성장하는 곰팡이를 관찰한 다음, 다른 종류의 미생물을 확대하여 그 모습을 살펴보는 활동이다. 이 활동은 미생물에 대해 알아보고 생물체에 관하여 알고 있는 이전의 활동과 관련짓는다. 이 활동에서 태양계의 다른 행성에 생물체가 존재할 가능성에 대해 상상한다.

 ### 학습목표

미생물의 특징을 이해한다.

 해당학년 : 4~6학년　　 **소요시간 :** 40분

 ### 이것이 필요해요

날감자 조각, 샌드위치용 지퍼백 1개, 돋보기, 미생물 이미지

 ### 이렇게 준비해요

- 미생물 이미지는 활동내용에서 제시된 웹사이트에서 다운로드한다.

 ### 활동 내용

1 미리 준비하기
- 활동하기 약 1주일 전에 감자를 얇게 썰어 미생물을 수집할 수 있도록 한 시간 정도 공기 중에 놓아둔다.
- 감자 한 조각을 각 플라스틱 백에 넣어 직사광선이 없는 실온에 둔다.

2 미생물 이해하기
- 다음과 같은 질문을 통해 미생물에 대해 알고 있는 지식을 떠올린다.
 - 음식물을 오랫동안 공기 중에 놓아두었을 때 어떤 현상이 일어납니까?
 - 음식물이 썩는다고 생각합니까?
- 너무 작아서 볼 수 없는 생물체가 존재한다는 것을 설명한다.

- 이런 생물체를 미생물이라고 한다.
- 미생물은 우리 주변에서 공기, 토양, 물 뿐만 아니라, 심지어는 우리의 몸속에도 존재한다. 우리가 볼 수 있는 것은 한 장소에서 함께 성장하는 다량의 미생물(군집이라고 함)이 있을 경우뿐이다. 대부분의 미생물은 위험하지 않고 유익하지만 일부는 음식을 오염시키거나 질병의 원인이 되기도 한다.

3 도전과제 관찰하기

- 곰팡이가 있는 감자 주머니를 나눠주고 눈으로 곰팡이를 관찰한다.
- 관찰한 내용을 이야기 한다.
  - 무엇을 관찰했습니까?
  - 관찰한 것의 색상과 형태를 설명한다.
- 크게 확대해서 다시 관찰한다.
  - 돋보기를 이용하여 다시 관찰하도록 한다.
- 관찰한 내용을 이야기 한다.
  - 돋보기로 미생물을 관찰하여 새로 알게 된 내용은 무엇입니까?
  - 미생물을 좀 더 가깝게 관찰할 수 있는 방법은 무엇입니까?
  - 필요한 도구는 무엇입니까?
  - 과학자들은 감자에서 볼 수 있는 것과 같이 덩어리 형태로만 볼 수 있는 것이 아니라 미생물을 하나하나 관찰할 수 있을 정도로 강력한 현미경이 있다는 점을 설명한다.

4 도전과제 조사하기

- 인터넷으로 미생물을 조사한다(아래 웹사이트를 이용한다.).

미생물의 신비
http://www.microbe.org/microbes/mysteries.asp
- "미생물이란 무엇인가?"에 여러 종류의 미생물에 대한 이미지와 정보가 있다.

미생물 갤러리
http://www.microbeworld.org/htm/aboutmicro/gallery_start.htm
- 미생물 이미지 갤러리

박테리아 규칙
http://www.nationalgeographic.com/ngkids/0010/bacteria/quiz.html
- 박테리아에 대한 상호작용 퀴즈

박테리아 캠
http://www.cellsalive.com/cam2.htm
- 박테리아가 증식할 때의 모습을 보여주는 박테리아 캠이 있다.

5 결론
- 미생물이 생물체라는 사실에 대해 토론하고 다음과 같은 질문을 한다.
  - 미생물은 살아 있습니까? 어떻게 알 수 있습니까?
  - 미생물은 무엇을 먹고 어떻게 이동하고 성장하며 어디에서 생존하는가에 대해 배운 적이 있습니까?

 지도상 유의점

- 과학자들은 생물체를 여러 가지로 정의하지만, 생물체의 일부 특성은 공통적이라는데 동의한다. 그것은 바로 에너지를 이용하고 성장하며 번식하는 능력이다.
- 지구의 생물체가 그렇듯이, 생물체는 공기, 물, 양분 및 머무를 수 있는 에너지원이 필요하다는 것을 안다.
- 일부 미생물 형태의 생물체에는 너무 작아서 함께 성장하는 군집은 볼 수 있지만 직접 눈으로 볼 수 없다.

 우주 생물

 다른 행성에도 생물체가 존재할까요?

태양계에 속해 있는 각 행성의 특징을 알아본다. 이어서 달, 행성 및 태양에 대한 사진 자료를 조사해서 생물체가 존재할 수 있는 장소인지 가능성을 평가한다. 지구에서 생물체가 생존할 수 있는 장소에 대한 생각의 폭을 넓힌 다음 더 나아가 생물체가 존재할 수 있는 다른 행성들이 있는지 생각해본다.

학습목표

태양계 행성의 특징을 이해하고 생물체가 살 수 있는 곳인지 판단할 수 있다.

해당학년 : 4~6학년　　 소요시간 : 40분

이것이 필요해요

태양계 행성 이미지, 인터넷 가능한 컴퓨터

활동 내용

① **사전 지식 상기하기**
- 우리 태양계에 대한 사전 지식을 살펴본다.
  - "우리가 태양계에 대해 이미 알고 있는 것"이라는 제목을 적는다.
  - 행성, 달 및 태양에 대해 이미 알고 있는 것을 모두 그리거나 기록한다.
- 위에서 적은 사전 지식을 조원들과 공유한다.

② **도전과제 탐색하기**
- 태양계 행성 사진을 세트를 나눠주고 웹사이트에 접속하게 한다.
  - 행성 사진을 주의 깊게 살펴본다.
  - 사진을 살펴보면서 태양계에서 생물체를 유지할 가능성이 있는 곳은 어디라고 생각합니까? 왜 그렇게 생각합니까?
- 태양계에 대해 제공된 정보를 읽게 한 후 다음과 같은 질문을 한다.
  - 온도, 물의 존재 여부 또는 여러 태양계를 구성하는 물질들에 대한 정보를 보고 생물체를 유지할 수 있는 것으

로 생각되는 행성에 대한 생각이 바뀌었습니까?
- 과학자들은 지구 이외의 장소에서 생물체가 존재할 가능성에 대해 현재까지 어떤 결론을 내렸습니까?

③ 결론
- 우리가 우주에서 다른 곳에 생물체가 존재하는지 여부를 모르고 있으며, 보다 많은 정보를 수집할 때까지는 확실한 내용을 알 수 없을 것이라는 점을 설명한다.

지도상 유의점

- 참고할 수 있는 사이트
  http://teachspacescience.org/graphics/pdf/10000605.pdf
  http://www.nssm.si.edu/research/ceps/etp/etp.htm

- 지구는 물을 액체 상태로 유지할 수 있을 정도로 알맞은 기후를 유지하고 있다.
  그 이유로는 생물체가 살아갈 수 있도록 태양에서 충분한 에너지를 받고, 태양에서 지구까지의 거리가 적당하기 때문이다.
  지구는 대기를 가지고 있기 때문에 일정한 온도를 유지할 수 있고, 태양에서 방출되는 해로운 광선으로부터 보호해 준다. 또한 태양에서 불어오는 태양풍은 강한 에너지를 가지고 있기 때문에 지구상 생명체에게는 대단히 위험하다.
  지구 주위에 둘러싸고 있는 자기장은 태양풍이 들어오는 것을 막아주기 때문에 우리 생태계를 안전하게 보호해 준다.

- 우리 태양계 내 지구를 제외한 다른 행성들은 생물체가 살아가기에는 어려운 조건을 가지고 있다. 하지만 최근에 지구의 극한 환경에서 살아가는 생물체를 발견하면서 화성, 유로파(목성의 위성)와 타이탄(토성의 위성)과 같은 태양계 내의 행성이나 위성에서도 생물체가 존재할 수 있는 가능성이 있게 되었다.

우주 생물

카드

"여기에 생명체가 있을까?"

여기에 어떤 생명체가 살 수 있을까요?

Image by Kathy Shehan
Courtesy of Micro*scope http://microscope.mbl.edu

Lemonade Spring in Yellowstone park has acidic (acid-like) water that can burn your skin.

여기에 어떤 생명체가 살 수 있을까요?

Photograph by: Kristan Hutchison
National Science Foundation

McMurdo Dry Valleys in Antarctica have average temperatures of -20°C (-4°) and get less than 10 cm (4 inches) of rain each year.

여기에 어떤 생명체가 살 수 있을까요?

Image by Linda Amaral-Zettler Courtesy of Micro*scope
http://microscope.mbl.edu

Rio Tinto (River of Fire) in Spain is one of the most naturally acid-like rivers in the world.

여기에 어떤 생명체가 살 수 있을까요?

National Park Service
U.S. Department of the Interior

Hot springs in Yellowstone. Water underground can be heated to boiling by nearby magma (the word for lava that's underground).

카드

"여기에 생명체가 있을까?"

여기에 어떤 생명체가 살 수 있을까요?

Photo by Brett Leigh Dicks Courtesy of Micro*scope
http://microscope.mbl.edu

Mono Lake in California is two and a half times saltier than the ocean.

여기에 어떤 생명체가 살 수 있을까요?

OAR/National Undersea Research Program (NURP); NOAA

Under water volcanoes known as black smokers add extremely hot water (as high as 400°C, 725°F) to the ocean environment.

여기에 어떤 생명체가 살 수 있을까요?

NASA Image Exchange

Salt domes in Iran. These domes of salt are usually found over underground stores of oil and gas.

여기에 어떤 생명체가 살 수 있을까요?

Radiation is a kind of energy that can be harmful to people in large doses. In space, radiation from the Sun is stronger than on Earth and spaceships must be built to protect astronauts.

카드

"극한의 삶"

극한의 삶

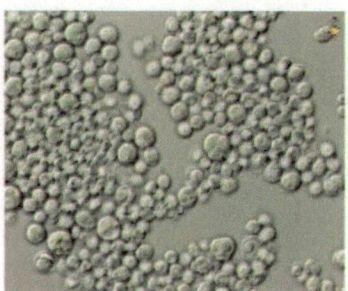

Courtsey of Micro*scope http://microscope.mbl.edu

This algae was found in acidic (acid-like) springs in Yellowstone National Park. They can live in water acidic enough to burn human skin.

극한의 삶

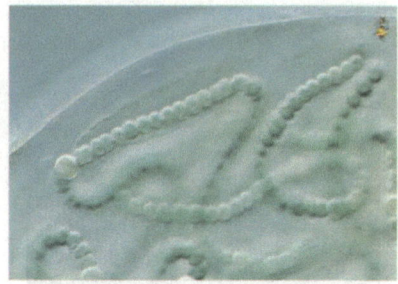

Courtsey of Micro*scope http://microscope.mbl.edu

Algae can be found under the ice in lakes in the Arctic and Antarctica.

극한의 삶

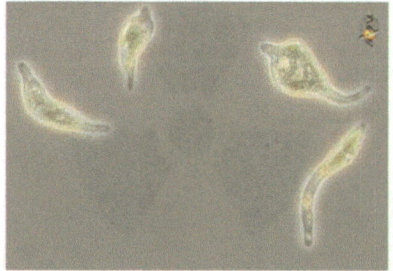

Courtsey of Micro*scope http://microscope.mbl.edu

These microscopic creatures, known as euglenia mutablis, were found in the acid-like Rio Tinto in Spain.

극한의 삶

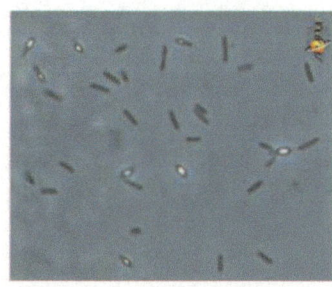

Courtsey of Micro*scope http://microscope.mbl.edu

Some bacteria, like these found in Yellowstone National Park, can live in boiling water (100°C, 212°F).

카드

"극한의 삶"

극한의 삶

Courtsey of Micro*scope http://microscope.mbl.edu

This microscopic life form, Artemia monica, can be found in the "hypersalinic" (high salt to water ratio) waters of Mono Lake.

극한의 삶

NOAA

Tube worms like these grow near hydrothermal vents in the ocean.

극한의 삶

U.S. House of Representatives Committee on Resources
http://resourcescommittee.house.gov/subcommittees/emr/usgsweb/

Very old bacteria has been found living inside salt crystals.

극한의 삶

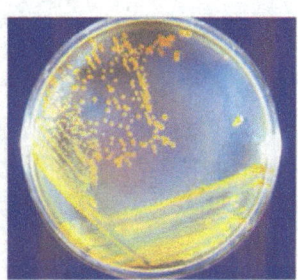

NASA

Deinococcus radiodurans (shown on an agarplate) can survive radiation levels thousands of times greater than what would kill humans.

우주생물

" 광활한 우주에 또 다른 생명체가 존재할까? "

3. 우주복

 단원 소개

본 단원은 인간이 지구 밖 우주 환경에서 활동할 수 있도록 만든 우주복에 관한 단원이다. 우주복을 입고 우주 유영을 하기 위해 지구와 같은 조건을 만들어 주려면 어떻게 해야 하는지 실험해 본다. 외부 물체로부터의 충격, 급변하는 온도, 태양빛, 압력 등으로부터 노출되면 어떤 위험이 있는지 알아보고 인간을 보호하기 위한 우주복이 어떻게 설계되어 있는지 살펴본다.

주제 안내

순	주 제	대상학년	소요시간
1	미소 유성체와 우주먼지	3~6학년	60분
2	온도와 우주복	5~6학년	60분
3	흡수와 반사	4~6학년	60분
4	압력과 우주복	4~6학년	40분

 지도상 유의점

대상학년이 각 차시마다 다르지만 교사가 실험 준비를 어느 정도 해주느냐에 따라 다른 학년에도 적용이 가능할 것이다. 각 사정에 따라 융통성 있게 사용하도록 한다.

인간이 우주 환경에서 견딜 수 있는 조건 중 외부물체로부터의 충격, 온도, 태양빛, 압력 순서로 제시되어 있으나 조건의 중요도에 따른 것은 아니므로 차시의 순서에 상관없이 상황에 따라 적용하도록 한다.

우주복

배경 지식

우주 왕복선 선외 활동용 우주복

예전에 우주 비행사들이 탄 로켓은 단 1회로 끝나는 소모용이었으나, 다시 사용가능한 고체 로켓 추진체를 단 우주 왕복선 시스템으로 바뀌면서 우주복도 점점 개발이 되었다. 초기의 우주복은 우주 비행사들의 신체 사이즈에 맞게 맞춤 제작한 1회용 옷이었다. 아폴로 프로그램을 예로 들면, 우주 비행사마다 비행용, 훈련용, 비행 예비용으로 각각 한 벌씩이어서 맞춤 우주복이 세 벌이었다. 그러나 왕복선용 우주복은 우주 비행사의 다양한 신체 사이즈에 맞게 규격화된 부품을 선택하여 제작하게 되었다.

왕복선용 우주복을 만들면서 모든 기능을 선외 활동(우주 비행 중에 우주선 밖으로 나와 활동하는 일)을 수행하는 데 집중할 수 있게 되었다.

초기 우주복은 복잡하였다. 조종실의 압력이 떨어지면 압력을 보충해야 했고, 발사 도중 탈출해야 할 경우에는 보호 기능도 해야 했다. 이륙할 때와 대기권에 재돌입할 때에는 우주선 안에서도 우주복을 입어야 했다. 그러나 이 왕복선 우주복은 궤도선 조종실 밖으로 나갈 때에만 입는다. 그 외 시간에 비행사들은 편안한 셔츠와 바지, 반바지를 입는다. 발사할 때와 대기권에 재진입할 때에는 오렌지색 특수 비행복과 헬멧을 착용한다.

우주 왕복선 선외 활동용 우주복의 부품들

왕복선 선외 활동용 우주복은 18개의 부품으로 구성되어 있다.

이 부품들은 압력을 유지시키고, 열이나 미소 유성체로부터 보호해 주며, 산소, 냉각수, 음료수, 음식을 제공한다. 또 폐기물 수집 기능이 있으며 전력과 통신 기능을 한다.

우주복과 이 부품을 모두 조립하면 무게가 약 113kg이 된다. 지구 위에서 궤도를 돌 때에는 무게가 전혀 느껴지지 않는다. 그러나 우주에서는 그 질량이 유지되어 움직일 때마다 저항력으로 느껴진다.

1. 1차 생명 유지 시스템
산소 공급 장치, 이산화탄소 제거장치, 주의 및 경고 시스템, 전력, 냉각장치, 환기 팬, 기계류와 무선장치가 포함된 배낭장치이다.

 ### 2. 표시 및 통제 모듈
모든 통제장치, 디지털 표시장치, 외부의 액체, 기체, 전기 접속기가 포함되어 있고 가슴에 장착한다.

 ### 3. 전기 벨트
우주복 안에 착용하는 벨트로, 생체 계측 및 1차 생명 유지 시스템과의 통신 기능이 있다.

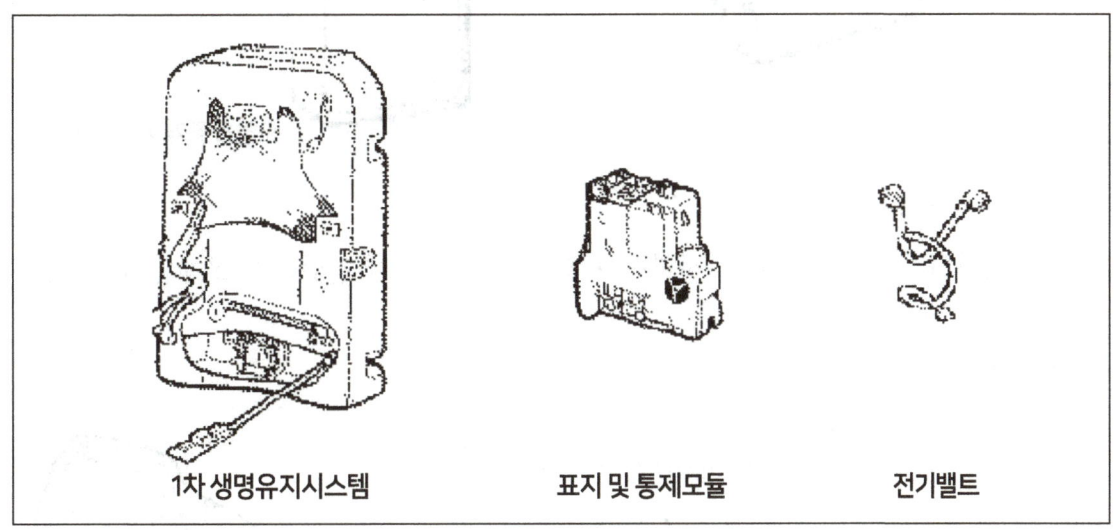

1차 생명유지시스템   표지 및 통제모듈   전기벨트

 ### 4. 2차 산소팩
30분 분량의 응급용 산소 탱크 2개와 밸브 및 조절기이다. 이 부품은 1차 생명 시스템의 밑에 장착된다. 1차 생명 시스템에서 2차 산소팩을 제거할 수 있어 편리하게 유지, 관리할 수 있다.

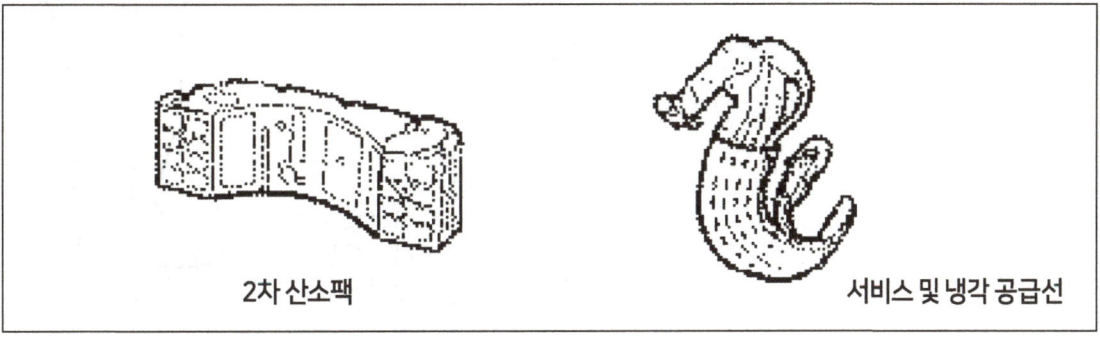

2차 산소팩   서비스 및 냉각 공급선

우주복

5. 서비스 및 냉각 공급선
우주 비행사를 지탱해 주고, 1차 생명 유지 시스템을 위한 충전 기능을 제공한다. 이 부품에는 전력선, 통신선, 산소 및 물 충전관, 배수관이 포함되어 있다. 1차 생명 유지 시스템의 소모품들을 보존한다.

6. 배터리
선외 활동을 수행하는 동안 전기 벨트에 전력을 공급하는 배터리이다. 궤도에 진입하여 배터리를 충전할 수 있다.

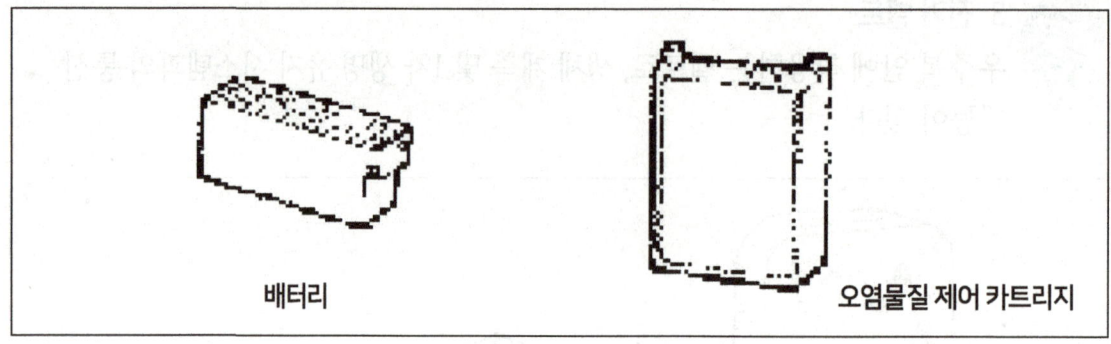

배터리   오염물질 제어 카트리지

7. 오염물질 제어 카트리지
오염된 우주복의 공기를 정화한다. 이 부품은 궤도에 진입하여 교체할 수 있다.

8. 상위 몸통부
우주복의 상위 몸통부로, 단단한 유리 섬유로 되어 있다. 1차 생명 유지 시스템, 표시 및 통제 모듈, 팔, 헬멧, 우주복 내부 음료수 가방, 전기 벨트, 허리 마감부의 윗부분을 지탱하는 지지대 역할을 한다.

9. 하위 몸통부
우주복 바지, 부츠, 허리 마감부의 아랫부분. 하위 몸통부에는 몸의 회전과 이동성을 감안하여 허리의 축을 받치는 부분과 안전 생명줄을 부착하기 위한 부분이 있다.

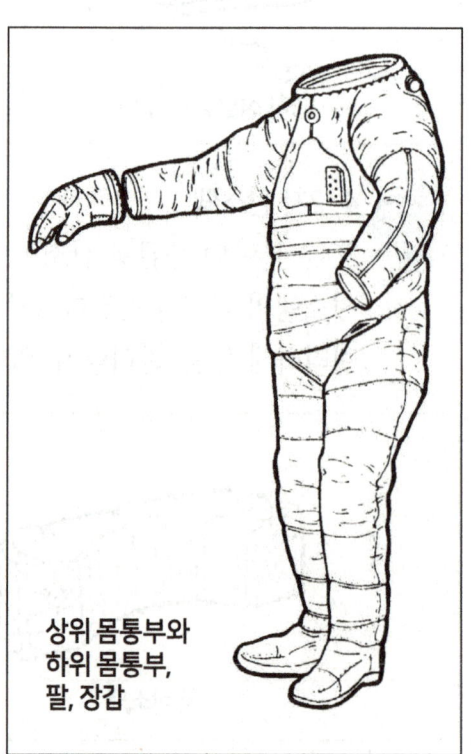

상위 몸통부와 하위 몸통부, 팔, 장갑

10. 팔(왼쪽과 오른쪽)
어깨 연결부와 팔꿈치 연결부, 장갑 부착 마감부가 있다.

11. 장갑
장갑에는 작은 도구와 장비를 통제하기 위해 밧줄을 연결할 수 있도록 고리가 달려 있다. 일반적으로 비행사들은 장갑 속에 소맷부리가 있는 얇은 섬유로 된 간편한 장갑을 낀다.

12. 헬멧
플라스틱으로 된 헬멧에는 비행사들이 내쉰 이산화탄소를 제거하기 위한 장치가 달려 있다.

13. 액체 냉각 및 환기용 내피
압력층 내부에 입는 긴 속옷처럼 생긴 옷으로, 액체 냉각 튜브, 기체 환기 배관, 상위 몸통부를 통해 1차 생명 유지 시스템에 부착할 여러 개의 물과 기체 연결부가 포함되어 있다.

14. 흡수복
소변을 담기 위한 추가 흡수 재료가 추가된 성인용 크기의 기저귀이다.

15. 선외 활동용 얼굴 가리개
금빛 금속으로 된 태양광 필터 가리개와 투명한 열 충격 보호 가리개, 그리고 헬멧 윗부분에 부착된 조절 블라인더로 구성되어 있다. 이 외에 4개의 작은 램프를 장착했고, TV 카메라도 추가할 수 있다.

16. 우주복 내부 음료수 가방
상위 몸통부 내부에 장착된, 물로 채워진 플라스틱 주머니이다. 헬멧 안쪽으로 연결된 튜브가 빨대 역할을 한다.

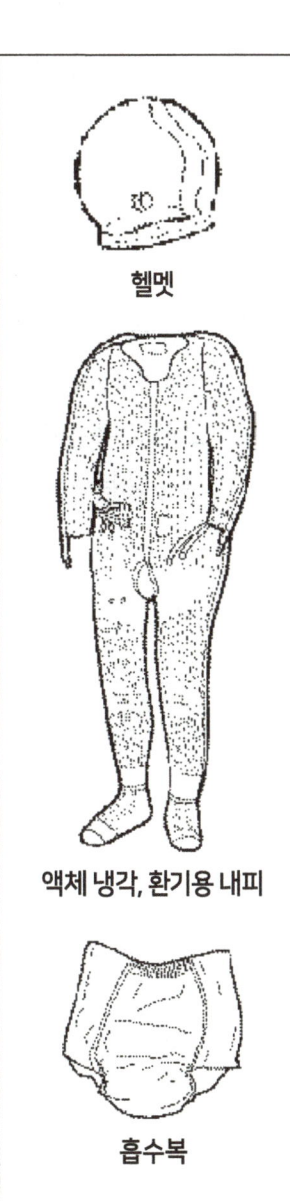
헬멧

액체 냉각, 환기용 내피

흡수복

얼굴 가리개

음료수 가방

 우주복

 **17. 통신장치**
무선장치와 함께 사용할 내장 이어폰과 마이크로폰이 장착된 모자로 천으로 되어 있다.

 18. 기밀실 접속판
우주복을 기밀실(공기가 전혀 드나들지 못하도록 막은 방) 내부에 보관할 때, 그리고 우주복을 입을 때 보조기구로 사용하는 시설

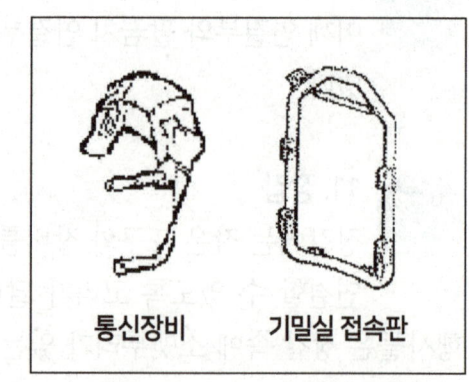
통신장비   기밀실 접속판

미소유성체와 우주먼지

우주 비행사들은 우주 유영을 하면서 우주 공간을 떠돌아다니는 유성체라고 하는 알갱이가 빠르게 움직이는 것을 보게 된다. 우주에는 유성체의 충돌로부터 우주선을 보호해 줄 수 있는 보호막이 존재하지 않는다. 이 때문에 크기가 작은 유성체들조차도 우주선과 우주 공간에서 활동을 하는 우주 비행사들에게는 무척 위험하다. 우주선과 우주복은 이러한 미소유성체로부터의 일어날 수 있는 피해를 방지하기 위해 다양한 보호 대책을 세우고 있다. 이 실험은 미소유성체가 빠른 속도로 충돌할 때의 효과를 재현해 보고, 충돌로부터 피해를 사전에 방지하기 위한 다양한 보호방법을 계획해보는 활동이다.

학습목표

다양한 실험을 통해 발사물의 속도와 관통하는 깊이의 관계를 조사해 본다. 자신이 가져온 재료를 사용하여 충돌 시 손상으로부터 보호하기 위한 방법을 계획할 수 있다.

해당학년 : 3~6학년　　**소요시간 :** 60분

이것이 필요해요

실험 1 : 플라스틱 빨대 (두꺼운 것), 마른 완두콩·팝콘 등, 박엽지(선물 포장용), 종이 상자, 테이프, 눈 보호 장비

실험 2 : 감자, 플라스틱 빨대(두꺼운 것)

실험 3 : 감자, 플라스틱 빨대(두꺼운 것), 박엽지·공책 종이·손수건·고무 밴드·냅킨·알루미늄 호일·파라핀 종이·비닐 랩 등 다양한 재료

이렇게 준비해요

- 실험 1 : 발사물로는 마른 완두콩, 팝콘, 마른 렌즈콩 등을 사용한다.
- 실험 2 : 감자와 플라스틱 빨대는 각자 준비한다.
- 실험 3 : 모둠별로 토의하여 다양한 재료를 준비하도록 한다.

 우주복

 핵심단어

유성체 : 빠르게 움직이는 입자로 암석 및 금속으로 이루어진 파편
미소 유성체 : 모래알보다 작은 파편으로 대개 혜성의 파편
운동에너지 : 물체가 자신의 운동으로 인해 갖게 되는 에너지를 말하며 물체의 속도와 질량이 클수록 운동에너지도 크다.

 **활동 내용**

1 미리 준비하기 활동에 필요한 알맞은 재료를 준비해 오도록 지도한다.
- 활동에 필요한 알맞은 재료를 준비해 오도록 지도한다.

2 문제 확인하기
- 이 활동은 빠르게 움직이는 미소유성체가 우주선과 우주복에 왜 위험한 요소가 되는지 알아본다. 그리고 빠른 미소유성체로부터 보호하기 위해 어떤 재료가 적당한지 다양한 재료를 가지고 실험하는 활동이다.

실험 1 : ① 발사물이 느리게 날아가면 박엽지는 어떻게 될까요?
　　　　② 발사물이 빠르게 날아가면 박엽지는 어떻게 될까요?
실험 2 : ① 빨대로 감자를 느리게 찌르면 감자는 어떻게 될까요?
　　　　② 빨대로 감자를 빠르게 찌르면 감자는 어떻게 될까요?
실험 3 : ① 감자를 보호하기 위한 효과적인 재료는 어떤 것이 있나요?
　　　　② 그 이유는 무엇인가요?

3 예상하기
- 사전 지식을 활용하여 실험 결과가 어떻게 될지 학생들 각자 또는 모둠별로 가설을 세워보도록 한다.

실험 1 : ① 발사물이 느리게 날아가면 박엽지는 _____
　　　　② 발사물이 빠르게 날아가면 박엽지는 _____
실험 2 : ① 빨대로 감자를 느리게 찌르면 감자는 _____
　　　　② 빨대로 감자를 빠르게 찌르면 감자는 _____
실험 3 : ① 감자를 보호하기 위한 가장 효과적인 재료는 _____
　　　　② 그 이유는 _____

4 절차
[실험1-완두콩 총 발사!]
- 우주 비행사들이 우주선 바깥에서 활동할 때 미소 유성체가 왜 위험한지 설명한다.
  - 우주에는 유성체로부터 우주선을 보호해 줄 대기라는 막이 존재하지 않는다. 그래서 미소 유성체는 입자는 작지만 거의 초속 8,000m의 속도로 이동한다.

우주선의 동체를 뚫기에는 너무 작지만, 모래를 세차게 뿜어 내보는 것과 같은 효과가 있어 우주선 표면을 푹 패이게 한다. 따라서 우주선 바깥 활동을 하는 우주선 엔지니어에게는 심각한 위험요소가 된다.

- 박엽지로 포장된 상자를 보여주면서, 어떻게 하면 박엽지를 잘 뚫을 수 있을지 이야기해본다.
  - 완두콩의 속도에 따라 뚫는 것이 가능할지 결정될 것이다.
- 상자 입구를 박엽지로 덮는다. 종이를 꽉 잡아 늘리고 테이프를 붙여 고정한다.
- 완두콩이나 다른 발사물을 약 1m 거리에서 박엽지로 떨어뜨린다. 완두콩이 박엽지를 뚫었는지 확인한다.
- 주어진 재료를 사용하여 어떻게 해야 완두콩이 박엽지를 뚫을 수 있을지 질문한다.
  - 빠른 속도로 완두콩을 던지거나, 플라스틱빨대를 이용하여 완두콩 총을 만들어 완두콩을 불어서 쏠 수 있다.
  - 적당한 거리에서 빠른 속도로 완두콩을 던지거나 발사한다.
  - 발사체로 질량이 큰 것을 사용한다.
- 눈 보호 장비를 착용하고 상자에서 몇 미터 물러나 완두콩 총으로 박엽지에 완두콩을 불어서 쏜다. 완두콩이 박엽지를 관통했는지 확인한다.

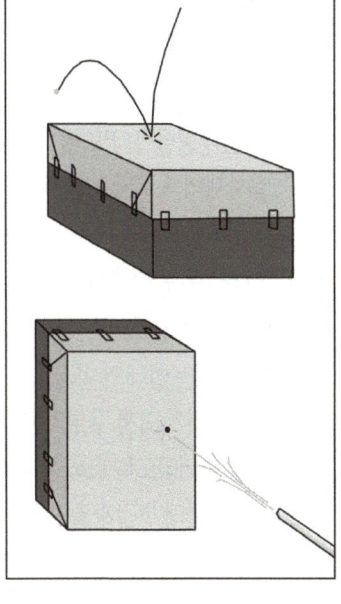

[실험2-감자 우주 비행사]

- 한 손에 생감자를 든다. 다른 한 손에 빨대를 잡고 천천히 감자를 찌른다. 빨대가 얼마나 깊이 관통하는지 관찰한다.
- 이번에는 빠른 동작으로 감자를 찌른다. 빨대가 감자를 얼마나 깊이 관통하는지 관찰한다.
- 두 단계의 관찰결과를 비교한다.

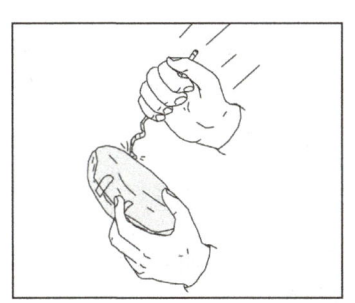

[실험3-감자 우주 비행사를 보호해요!]

- 가져온 재료만을 사용하여, 충돌할 때 생기는 손상으로부터 감자를 보호할 방법을 토의하고 적당한 재료와 방법을 결정한다.
- 선택한 재료와 방법으로 감자를 감싸고 같은 속도로 감자를 찌른다.
- 실험결과를 비교한다.

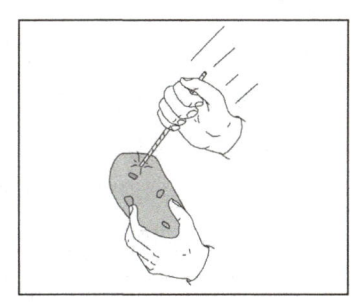

 우주복

5 실험결과 토의 및 결론

[실험1-완두콩 총 발사!]
- **결과** : 완두콩 총을 이용하여 발사했을 때 속도가 빨라지고 박엽지를 관통하는 비율이 높았다.
- **결론** : 완두콩을 떨어뜨릴 때와 완두콩 총을 발사했을 때의 차이는 발사체의 속도이다. 즉 발사체의 속도가 빠를수록 박엽지를 관통하기 쉽다.

[실험2-감자 우주 비행사]
- **결과** : 빠른 속도로 감자를 찌르는 것이 더 깊이 관통한다.
- **결론** : 빨대는 빨대의 양끝에서 가하는 힘을 지탱할 만큼 강하지 않기 때문에 빨대는 구부러진다. 그러나 빨대가 미처 구부러지기 전에 감자 속으로 들어가면 빨대 옆 감자 부분이 버팀목이 되어 빨대가 구부러지지 않고 버티도록 도와준다.
그러므로 빨대가 감자를 관통하기 위해서는 빨대로 재빠르게 감자를 찔러야 한다. 빨대의 재질이 강해 구부러지는 정도가 작거나 찌르는 동작의 속도가 빠를수록 관통하는 깊이가 더 깊어진다.

[실험3-감자 우주 비행사를 보호해요!]
- **결과** : 유연성 있고 견고한 재료이거나 여러 겹으로 둘러싸일 때 더 보호 효과가 크다.
- **결론** : 충돌체가 유발하는 손상으로부터 감자를 보호하기 위해 유연성 있거나 견고한 재료가 좋다. 또 얇은 재료가 여러 겹으로 겹쳐지면 보호 효과가 더 좋아진다.

평가

- 빠르게 날아다니는 미소유성체가 왜 우주선이나 우주복에 위험한지 실험했던 것을 예로 들어 이유를 설명하도록 한다.
- 모둠별로 결과를 토대로 결론을 적어 완성한 학습지를 제출하게 한다.

심화학습

- 플라스틱 빨대를 이용하여 발사물의 속도를 빠르게 할 완두콩 총을 만들어 시합을 한다.
  - 빨대 두 개의 끝과 끝을 테이프로 붙이면 완두콩의 발사 속도가 더 빨라지는지 확인한다.
- 박엽지를 뚫는 능력 및 총과 상자의 거리사이에 어떤 관련이 있는지 확인한다.
- 완두콩보다 질량이 더 큰 것으로 발사하는 실험을 한다.
  - 질량이 클수록 더 잘 관통한다.
- 우주선이나 우주 비행사들의 우주복은 여러 층의 보호막으로 만들어진다. 그 이유는 무엇일까? 박엽지 층을 추가하는 실험과 연계하여 이야기 해본다.
  - 우주선을 보호하기 위해 두꺼운 벽을 만들고, 여러 겹으로 둘러싸는 등 다양한 방법을 이용한다. 우주복도 여러 가지 천들을 겹친 뒤 단단하게 만들어 충격으로부터 보호한다.

- 박엽지를 추가하는 것은 우주선이나 우주복이 미소 유성체로부터 보호하기 위한 전략으로 여러 겹의 보호막을 구성하는 것과 같은 효과를 확인할 수 있는 실험이다.
- 상자에 박엽지를 여러 층으로 하여 실험한다.
- 박엽지를 여러 겹으로 하면 뚫기가 어렵다.
- 미소유성체과 우주 먼지의 충격으로부터 우주 비행사를 보호하는 기술들과 방탄조끼, 갑옷, 전동공구의 바깥쪽 재료, 같은 기타 보호 기술들을 비교한다. 이들의 기능이 어떤 식으로 형태를 결정하고 있는지 이야기한다.
  예) 오토바이 헬멧 : 충돌시 보호기능을 제공함, 유선형, 편안한 착용감, 벌레, 암석 등의 충돌로부터 얼굴을 보호함.

지도상 유의점

- 학생들은 눈 보호 장비를 반드시 착용한다.
- 빨대를 물고 들이마시지 않도록 주의시킨다.
- 처음에는 완두콩 총이 익숙하지 않을 수 있다. 시범을 한 번 보여주고 몇 번 연습하도록 한다.
- 빨대로 손을 찌르지 않도록 그림과 같이 감자를 잡을 때 주의한다. 작업용 장갑을 끼도록 하면 더 안전하다.

 우주복

완두콩 총 발사!

학년   반
이름

완두콩 총으로 박엽지를 뚫어봅시다.

비비탄 총알은 아주 작아 손에 놓고 볼 때는 전혀 위협적이지 않아 보이지만 총으로 발사된 총알은 상당히 위험합니다. 이처럼 빠르게 날아다니는 미소 유성체가 우주선이나 우주비행사와 충돌했을 때의 손상 효과를 "완두콩 총"을 만들어 재현해 볼 수 있어요. 여기서 총은 음료수 빨대로 만들어진 총이에요. 총에서 나간 발사물이 박엽지를 뚫는 것을 관찰해봅시다.

 이것이 필요해요

플라스틱 빨대(두꺼운 것), 마른 완두콩·팝콘 등, 박엽지(선물 포장용), 종이 상자, 테이프, 눈 보호 장비

핵심단어

☐ : 빠르게 움직이는 입자로 암석 및 금속으로 이루어진 파편
☐ 유성체 : 모래알보다 작은 파편으로 대개 혜성의 파편
운동에너지 : 물체가 자신의 운동으로 인해 갖게 되는 에너지를 말하며 물체의 속도와 질량이 클수록 운동에너지는 (크다, 작다).

예상하기

① 발사물이 느리게 날아가면 박엽지는 _____
② 발사물이 빠르게 날아가면 박엽지는 _____

활동순서

① 상자 입구를 박엽지로 덮습니다. 종이를 꽉 잡아 늘리고 테이프를 붙여 고정합니다.
② 완두콩이나 다른 발사물을 약 1미터 거리에서 박엽지로 떨어뜨립니다. 완두콩이 박엽지를 뚫었는지 확인합니다.

100

③ 눈 보호 장비를 착용하고 상자에서 몇 미터 물러나 완두콩 총으로 박엽지에 완두콩을 불어서 쏩니다. 완두콩이 박엽지를 관통했는지 확인합니다.

 **활동 결과 및 결론**

① 발사물이 느리게 날아가면 박엽지는 어떻게 되었나요?

___

② 발사물이 빠르게 날아가면 박엽지는 어떻게 되었나요?

___

③ 완두콩 총이 발사되는 빠르기와 박엽지를 뚫는 효과의 관계를 토의하고 적어봅시다.

 우주복

감자 우주 비행사

학년　　반
이름

감자를 찌르는 동작이 빠를 때와 느릴 때 감자는 어떻게 될까요?
빠르게 날아다니는 미소 유성체가 우주선이나 우주비행사와 충돌했을 때의 손상 효과를 감자와 빨대를 이용해 재현해 볼 수 있어요. 한 손에 감자를 들고 다른 손으로 플라스틱 빨대를 이용해 감자를 찔러 보고 어떻게 하면 깊이 감자를 관통하는지 관찰해봅시다.

도전 과제

이것이 필요해요

감자, 플라스틱 빨대(두꺼운 것)

예상하기

① 빨대로 감자를 느리게 찌르면 감자는 _____
② 빨대로 감자를 빠르게 찌르면 감자는 _____

활동순서

① 한 손에 생감자를 들고 다른 한 손에 빨대를 잡아 천천히 감자를 찌릅니다. 빨대가 얼마나 깊이 관통하는지 관찰해봅시다.
② 이번에는 빠른 동작으로 감자를 찌릅니다. 빨대가 감자를 얼마나 깊이 관통하는지 관찰해 봅시다.

 활동 결과 및 결론

① 빨대로 감자를 느리게 찌르면 감자는 어떻게 되었나요?
_____

② 빨대로 감자를 빠르게 찌르면 감자는 어떻게 되었나요?
_____

③ 빨대로 감자를 찌르는 동작의 빠르기와 감자를 뚫는 효과의 관계를 토의하고 적어봅시다.

초등용 우주과학
워크시트용

 # 감자 우주 비행사를 보호해요!

학년   반
이름

도전과제

감자를 보호하기 위한 효과적인 재료는 어떤 것이 있는지 알아봅시다.

앞에서 빠른 속도로 충돌하면 플라스틱 빨대가 구부러지지 않고 감자를 찌를 수 있다는 것을 알게 되었습니다. 이번에는 주변에 있는 여러 가지 재료를 이용해 빨대로 찌를 때 생기는 손상으로부터 감자를 보호하는 방법을 알아봅시다. 어떤 재료가 가장 감자를 잘 보호할 수 있을까요?

 ### 이것이 필요해요

감자, 플라스틱 빨대(두꺼운 것), 박엽지·공책종이·손수건·고무 밴드·냅킨·알루미늄 호일·파라핀 종이·비닐랩 등 다양한 재료

 ### 예상하기

감자를 보호하기 위한 가장 효과적인 재료는 _____

 ### 활동순서

① 가져온 재료만을 사용하여, 충돌할 때 생기는 손상으로부터 감자를 보호할 방법을 토의하고 적당한 재료와 방법을 결정합니다.
② 선택한 재료와 방법으로 감자를 감싸고 같은 속도로 감자를 찌릅니다.
③ 실험결과를 비교해봅시다.

 ### 활동 결과 및 결론

① 감자를 보호하기 위한 가장 효과적인 재료는 무엇이었나요?

② 그 이유는 무엇인지 설명해봅시다.

우주복

읽을 거리

여러 개의 층

우주복은 우주선 밖에서 활동할 때 우주 비행사를 보호하기 위해 무려 14개의 층으로 이루어져 있습니다. 내부의 층들은 액체 냉각 및 환기용 내피로 구성됩니다. 그 위에는 우레탄으로 코팅된 나일론 소재의 압력 주머니층과 압력을 가둬놓는 억제층이 있습니다. 주머니층과 억제층 위에는 열 및 미소 유성체들로부터의 보호를 위한 보호층이 여러 겹으로 놓이게 됩니다.

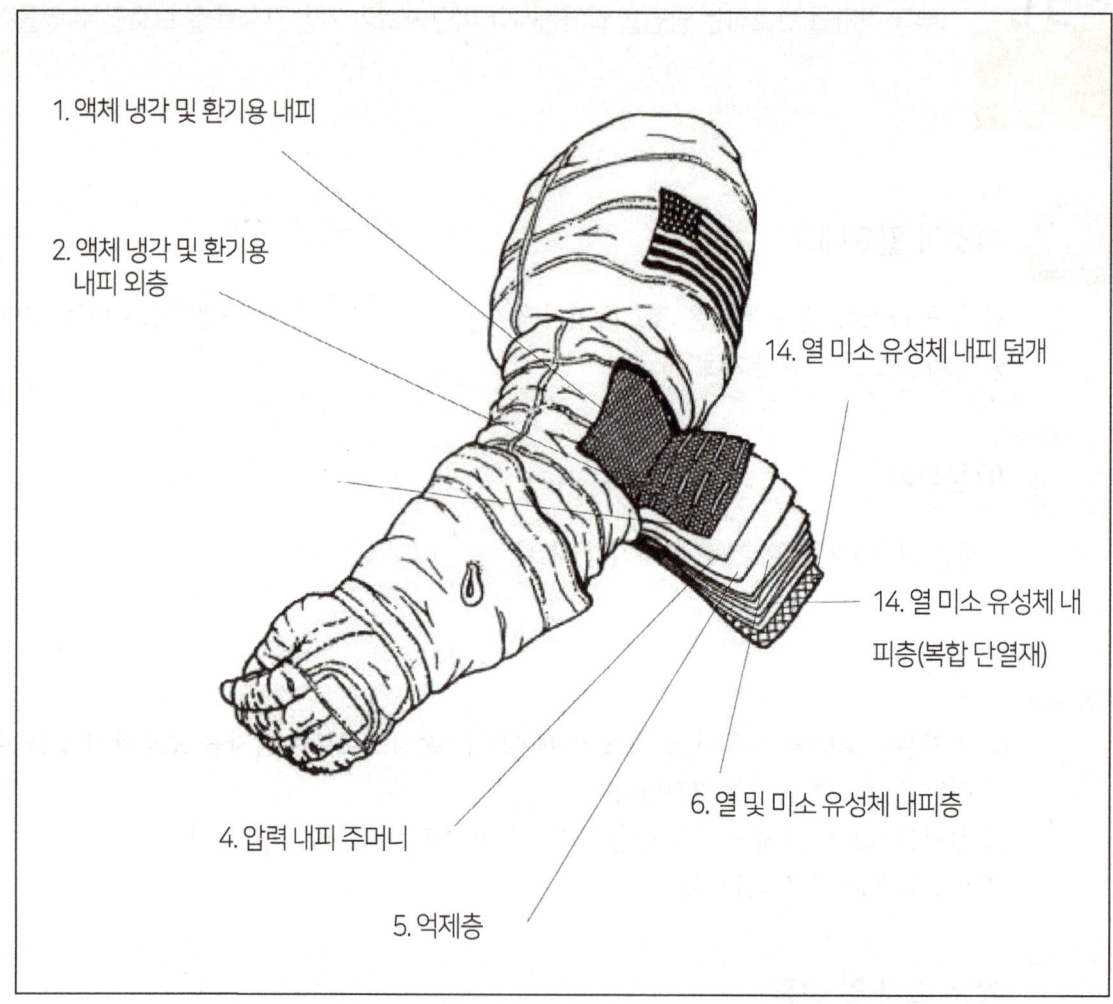

# 온도와 우주복

우주복 안의 환경 중 가장 중요한 것이 내부의 온도이다. 우주복은 단열재로 만드는데 이 까닭은 우주 환경에 나타나는 대단히 높은 온도와 낮은 온도로부터 우주 비행사를 보호하려는 때문이다. 반면에 비행사의 몸에서 방출되는 열을 우주복 내부에 가둬두는 작용도 한다. 이는 여름에 비닐봉지를 입고 돌아다니는 것과 똑같다. 이 같은 이유로 인해 내부 온도를 낮출 수 있는 냉각시스템이 필요하다. 이 실험 활동에서 우주복에 사용되는 단열재의 열 차단 작용과 물로 냉각시키는 시스템의 작동원리를 알아보는 활동이다.

 ## 학습목표

단열재가 열을 차단했을 때 어떤 문제가 있는지 경험해보고, 물 냉각 시스템의 작동 원리를 이해할 수 있다.

 해당학년 : 5 ~ 6학년    **소요시간 :** 60분

 ## 이것이 필요해요

실험 1 : 플라스틱 뚜껑이 달린 커피 캔 2개, 수족관용 호스 4m, 양동이 2개, 온도계 2개, 덕트 테이프, 물, 얼음, 전구, 펀치, 투광 조명
실험 2 : 양동이 2개, 수족관용 호스 3m, 물, 얼음, 비닐봉지(학생당 하나)

 ## 이렇게 준비해요

- 충격을 흡수할 수 있는 재료로 마시멜로 대신 솜뭉치, 고무, 발포 비닐 등을 준비할 수 있다.
- 학생당 1개씩의 비닐을 준비하여 단열재의 효과를 개별적으로 모두 경험할 수 있도록 한다. 이 때 비닐 봉지 대신 비닐장갑으로 대신할 수 있다. 냉각 시스템은 조별로 준비해 조별로 활동할 수 있다.

 ## 핵심단어

단열 : 물체와 물체 사이에 열이 서로 통하지 않도록 막음
열평형 : 서로 온도가 다른 물체를 접촉시켰을 경우에, 두 물체의 온도가 같아져 열의 이동이 일어나지 않는 상태.

 우주복

 활동 내용

1 미리 준비하기
- 모둠별로 활동할 수 있도록 모둠별로 재료를 미리 준비한다.

[실험1]

수족관용 호스가 통과할 수 있는 크기로 금속 커피 캔(A)의 옆면 바닥 근처와 플라스틱 뚜껑에 각각 구멍을 뚫어 놓는다.
각각의 커피 캔 뚜껑 가운데에 온도계가 꼭 들어맞는 크기의 구멍을 뚫어 놓는다.

[실험2]

수족관용 호스와 양동이 2개를 준비하고 얼음을 준비했다가 활동이 시작될 때 양동이에 얼음을 넣는다.
학생 수에 맞게 비닐봉지를 준비한다.

2 도전과제 소개하기
- 극도로 높고 낮은 온도의 우주환경에 대해 설명하고, 이러한 우주환경으로부터 우주비행사를 보호하기 위해 사용되는 단열재 기술에 대해서 간략히 설명한다.
  반대로 단열재 기술로 인한 문제점이 무엇일지 이야기해본다.
- 단열재는 우주 비행사의 몸에서 방출되는 열을 우주복 내부에 가두는 작용을 하며 이것은 여름에 비닐봉지를 입고 돌아다니는 것과 같다는 것을 설명한다. 실험2에서 직접 경험해본다.

3 문제 확인하기
- 실험1은 냉각시스템의 원리를 이해하고, 실험2는 단열재의 필요성과 냉각시스템을 경험해보는 활동이다.

실험 1 : 두 개의 캔 중 하나의 캔에만 얼음물을 흐르게 한 뒤 두 캔의 온도변화를 조사해 보면 어떤 차이가 있을까요?

실험 2 : 비닐봉지로 팔을 감싸고 활동을 한 후 비닐봉지를 제거하면 어떤 느낌이 날까요? 또 호스를 통해 얼음물이 팔을 지나가도록 하면 어떤 느낌이 날까요?

4 예상하기
- 사전 지식을 활용하여 실험 결과가 어떻게 될지 학생들 각자 또는 모둠별로 예상해보도록 한다.

1. 얼음물이 흐르는 캔의 온도변화는 _____

2-①. 비닐봉지를 제거하면 _____

2-②. 얼음물이 흐르면 _____

5 절차
[실험1]
- 수족관용 호스를 느슨하게 감아서 첫 번째 커피 캔 속에 넣고 캔 내벽에 균일하게 펴서 테이프로 고정한다.
  호스의 한쪽은 캔 바닥의 구멍으로 통과시켜 캔 밑에 위치한 양동이까지 빼내고, 다른 한 쪽은 플라스틱 뚜껑의 구멍으로 빼내어 호스의 끝이 캔 위에 위치한 얼음물 양동이의 바닥까지 닿도록 한다.

- 각각의 캔에 온도계를 꽂고 탁자 위에 올려놓는다. 캔 위쪽에는 얼음물이 든 양동이를, 캔 아래쪽에는 물받이 양동이를 설치한다.

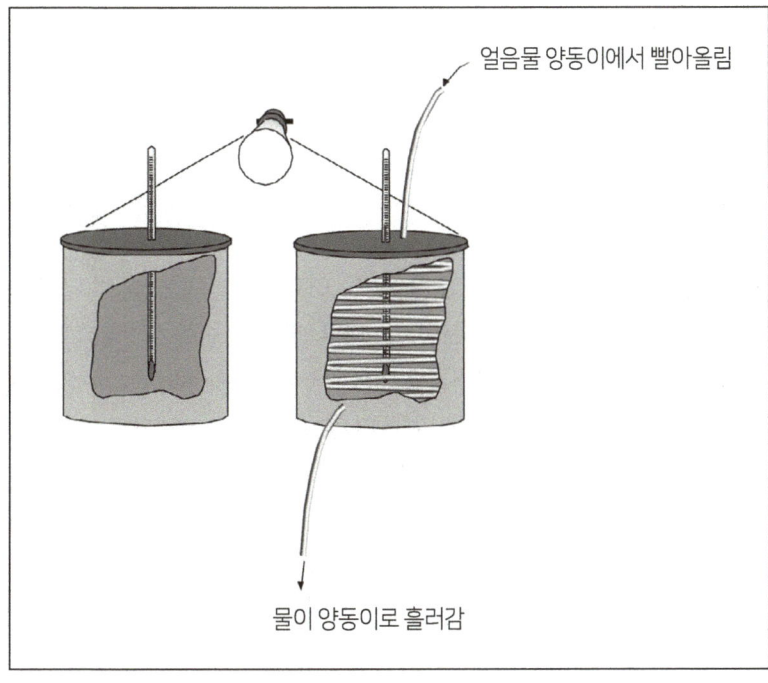

- 전구의 빛이 두 캔에 균일하게 비치도록 방향을 조절하고 25cm 이상 떨어지지 않도록 설치한다.
- 시작 온도를 측정하고 조명을 켠 후 2분이 되면 온도를 관찰하고 기록한다. (1단계)
- 수족관용 호스의 위쪽 끝을 얼음물 속에 넣고 다른 쪽 호스 끝에서 빨아들여서 물이 물받이 양동이로 흘러가도록 한다.

이 때 물에 식품 착색제로 색깔을 입히면 물의 흐름이 잘 보인다.
- 10분 동안 일정한 간격으로 두 캔의 온도를 관찰·기록한다.(2~6단계)
- 6단계로 수집한 데이터를 나타내는 그래프를 그려본다.

[실험2]

1. 비닐봉지를 이용하여 우주복의 체열 보존 효과를 경험한다.

- 소매를 걷은 팔을 비닐봉지에 넣고 봉지의 전체길이 방향을 따라 꽉 조이도록 한다.
- 비닐봉지 안에서 1~2분 동안 반복해서 주먹을 쥐거나 팔을 흔들도록 한다.
- 2분후 비닐봉지에서 팔을 꺼내어 느껴지는 감각을 관찰하도록 한다.
- 비닐봉지를 제거할 때 왜 갑자기 팔이 서늘해지는지 토의하도록 한다.

2. 우주복의 물 냉각 기술을 경험한다.

- 수족관용 호스의 중간부분으로 소매를 걷은 팔 주위를 여러 번 감는다.
- 호스를 통해 얼음을 양동이에서 흡수관 작용이 일어나게 한다. 어떤 느낌인지 적어보고 발표하도록 한다.

 우주복

5 **실험결과 토의 및 결론**

[실험1]
- **결과**

① 처음의 온도와 2분후의 온도는 차이가 있었는가?
  - 두 캔에서의 온도와 온도변화는 같거나 비슷했다.
② 한 쪽 캔에 얼음물을 흐르게 한 후 두 캔에서 온도의 차이가 있었는가?
  - 얼음물이 흐르는 첫 번째 캔에서 온도변화가 작게 나타났다.

- **결론**

  조명에 의해 캔 속의 공기는 따뜻하게 덥혀지면서 점점 온도가 올라간다. 이때 호스를 통해 얼음물이 캔 속을 지나면서 열을 흡수한다. 그러므로 얼음물이 흐르는 캔의 온도변화는 다른 캔의 온도변화보다 더 작게 나타나게 된다. 이 실험은 우주복의 냉각시스템의 원리와 같다. 우주복을 입은 우주비행사의 몸에서 나온 열은 물에 흡수되고, 열을 흡수하여 따뜻해진 물은 바깥쪽 금속판을 지나면서 다시 냉각된다. 냉각된 물은 우주복 사이를 순환하며 또다시 열을 흡수하는데 사용된다.

[실험2]
- **결과**

① 비닐봉지를 제거하면 갑자기 팔이 서늘해진다.
② 얼음물이 흐르면 팔이 서늘해진다.

- **결론**

  비닐봉지를 제거하면 봉지 안의 따뜻한 공기가 나가버리고 땀의 습기가 증발하기 시작하면서 서늘한 느낌이 든다. 액체가 기체로 변하기 위해서는 에너지가 필요한데, 이 에너지는 주변에 있는 열을 흡수하면서 만들어진다. 팔에 있던 습기가 증발하면서 주변의 열을 에너지로 사용하기 때문에 주변은 온도가 내려가게 된다. 그래서 시원하거나 서늘한 느낌이 나는 것이다. 한여름에 바닥에 물을 뿌리면 시원해졌던 경험을 해 보았을 것이다. 이처럼 우주복의 단열재는 추운 환경에서는 몸을 따뜻하게 유지하는 작용을 하지만 반면에 비행사의 몸에서 방출되는 열을 우주복 내부에 가둬두는 작용도 한다. 더운 여름에 비닐봉지를 입고 돌아다니는 것과 똑같은 조건인 것이다.

 평가

- 결과를 토의하면서 학생들이 물 냉각시스템의 작동 원리를 이해했는지 판단하도록 한다.
- 학생들이 제출한 결과지를 모아 활동을 평가한다.

 **심화학습**

- 얼음물의 흐름을 어떻게 조절할 수 있을지 생각해본다.
- 호스가 들어있는 캔 내부의 온도를 일정하게 유지할 수 있는 방법을 찾아본다.

- 이 캔에 광원을 더 가까이 가져가서 전보다 더 데워지게 해본다. 그리고 내부온도를 전과 같은 수준으로 유지시켜본다.
- 지구에서는 액체 냉각용 외피가 어떤 직업에 쓸모가 있을지 토의한다.

 ## 지도상 유의점

- 열원은 우주복을 입은 비행사의 몸이라는 것을 설명하고, 열원으로 강력한 전구나 투광 조명을 사용한다.
- 물에 식품 착색제로 색깔을 입히면 흡수관 작용을 유발할 때 물의 흐름이 잘 보인다.
- 이 활동을 하면서 연계할 수 있는 개념은 다음과 같다.

  ① 물의 순환과 열평형 : 물은 바깥쪽 금속판에서 냉각(얼음,∨고체) 되었다가 승화(고체에서 기체로)가 되기도 하고, 데워진 물과 만나 액체로 되기도 한다. 이렇게 물의 순환에 의해 열평형이 이루어는 원리를 이용한 것이 액체 냉각 시스템이다.

  ② 측정 : 온도의 변화를 측정하고 그래프로 나타내본다.

우주복

시원하게 만들어요!

학년　반
이름

두 개의 캔 중 하나의 캔에만 얼음물을 흐르게 하여 두 캔의 온도변화를 조사해봅시다.
대단히 온도가 높거나 낮은 상태의 우주 공간에서 우주 비행사를 주위 환경에서 보호하기 위해 우주복에는 단열재를 사용합니다. 그러나 단열재는 비행사의 몸에서 생기는 열을 우주복 내부에 가둬버리는 문제가 있어요. 그것은 마치 무더운 여름에 비닐하우스 안에 있는 것과 같답니다. 이 같은 이유로 인해 우주복에는 냉각시스템이 필요하답니다. 이 실험을 통해 우주복에 사용되는 물 냉각 시스템의 작동원리를 알아봅시다.

이것이 필요해요

플라스틱 뚜껑이 달린 커피 캔 2개, 수족관용 호스 4m, 양동이 2개, 온도계 2개, 덕트 테이프, 물, 얼음, 전구, 투광 조명

예상하기

두 개의 캔 중 하나의 캔에만 얼음물을 흐르게 한고 두 캔의 온도변화를 조사해보면 어떤 차이가 있을까요?

활동순서

① 수족관용 호스를 느슨하게 감아서 첫 번째 커피 캔 속에 넣고 캔 내벽에 균일하게 펴서 테이프로 고정합니다. 호스의 한쪽은 캔 바닥의 구멍으로 빼내어 캔 밑에 위치한 양동이까지 빼내고, 다른 한 쪽은 플라스틱 뚜껑의 구멍으로 빼내어 호스의 끝이 캔 위에 위치한 얼음물 양동이의 바닥까지 닿도록 합니다.
② 각각의 캔에 온도계를 꽂고 탁자 위에 올려놓습니다. 캔 위쪽에는 얼음물이 든 양동이를 캔 아래쪽에는 물받이 양동이를 설치합니다.
③ 전구의 빛이 두 캔에 균일하게 비치도록 방향을 조절하고 25㎝ 이상 떨어지지 않도록 설치합니다.
④ 시작 온도를 측정하고 조명을 켠 후 2분이 되면 온도를 관찰하고 기록합니다.(1단계)
⑤ 수족관용 호스의 위쪽 끝을 얼음물 속에 넣고 다른 쪽 호스 끝에서 빨아들여서 물이 물받이

110

양동이로 흘러가도록 합니다.
⑥ 10분 동안 일정한 간격을 두고 두 캔의 온도를 관찰하고 기록합니다.(2~6단계)
⑦ 6단계로 수집한 데이터를 그래프로 그려봅시다.

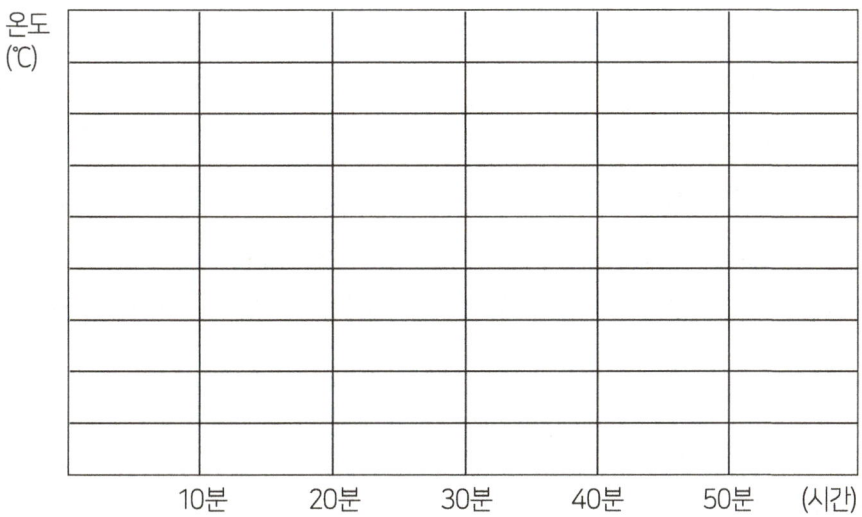

 **활동 결과 및 결론**

얼음물이 흐르는 캔의 온도변화는 _____

결론: 이 현상이 발생한 이유는
_____
_____
_____

 우주복

우주복을 입어요

학년   반
이름

도전 과제

<u>비닐봉지로 팔을 감싸고 활동을 한 후 비닐봉지를 제거하면 어떤 느낌이 날까요? 또 호스를 통해 얼음물이 팔을 지나가도록 하면 어떤 느낌이 날까요?</u>

우주복에 사용되는 단열재는 극한의 추위로부터 우주비행사를 보호하기도 하지만 우주 비행사의 몸에서 방출되는 열을 우주복 내부에 가두는 작용을 해 문제가 되기도 합니다. 마치 여름에 비닐봉지를 입고 돌아다니는 것과 같지요. 이 활동들을 통해 단열재의 효과를 경험해보고 우주복에 사용되는 물 냉각 기술을 경험해봅시다.

이것이 필요해요

양동이 2개, 수족관용 호스 3m, 물, 얼음, 비닐봉지(학생당 하나)

핵심단어

단 열 : 물체와 물체 사이에 ☐☐☐☐☐ 이 서로 통하지 않도록 막음

☐☐☐☐☐ : 서로 온도가 다른 물체를 접촉시켰을 경우에, 열이 흐르다가 같은 온도가 되었을 때 열의 흐름이 정지되는 상태.

예상하기

① 비닐봉지를 제거하면 _____
② 얼음물이 흐르면 _____

활동순서

1. 비닐봉지를 이용하여 우주복의 체열 보존 효과를 경험해봅시다.
① 소매를 걷은 팔을 비닐봉지에 넣고 봉지의 전체길이 방향을 따라 꽉 조이도록 합니다.
② 비닐봉지 안에서 1~2분 동안 반복해서 주먹을 쥐거나 팔을 흔듭니다.
③ 2분후 비닐봉지에서 팔을 꺼내어 느껴지는 감각을 관찰합니다.
④ 비닐봉지를 제거했을 때 왜 갑자기 팔이 서늘해지는지 토의해봅시다.

112

2. 우주복의 물 냉각 기술을 경험해봅시다.
① 수족관용 호스로 소매를 걷은 팔 주위를 여러 번 감습니다.
② 호스를 통해 얼음물이 양동이에서 빨려 올라오도록 합니다.
③ 얼음물이 팔 주위를 지나갈 때 어떤 느낌인지 적어보고 발표해봅시다.

활동 결과 및 결론

① 비닐봉지를 제거하면 _____
결론: 이 현상이 발생한 이유는?

② 얼음물이 흐르면 _____
결론: 이 현상이 발생한 이유는?

읽을 거리

대기권 밖의 환경

진공상태의 우주
대기권 밖의 주된 특징은 진공 상태, 또는 기체 분자가 거의 없다는 점입니다. 우

  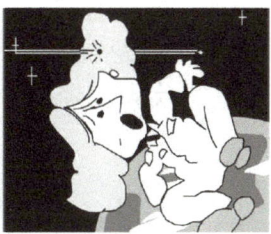

주공간에서는 보호 장비를 갖추지 않은 사람이나 생명체는 살 수 없습니다. 진공상태의 우주공간은 외부압력이 거의 0이기 때문에, 실제로 외부압력이 없는 상태에서는 몸이 부풀어 오르고, 조직이 파괴되며, 뇌에 산소 공급이 중단되면서 15초 이내에 의식을 잃게 되어 죽게 됩니다.

온도
태양에서 지구만큼 떨어져 있는 우주 공간 속에서 물체의 빛을 받는 부분은 섭씨 120° 이상 올라갈 수 있고, 그 반대 부분은 섭씨 영하 100° 이하까지 내려갈 수 있습니다. 그러므로 우주공간에서 인간에게 생명을 유지하기 위한 온도범위를 유지하는 것이 중요한 문제가 된답니다.

유성체
유성체는 태양계의 형성, 그리고 혜성과 소행성의 충돌로 남겨진 암석과 금속의 매우 작은 조각들을 말합니다. 일반적으로 이 입자들은 질량이 매우 작지만 아주 높은 속도로 이동해 사람의 피부나 얇은 금속을 쉽게 관통할 수 있어 무척 위험하답니다. 작은 페인트 조각도 시속 수천 km로 이동해 심각한 손상을 가할 수 있기 때문이죠.

우주복

흡수와 반사

우주인이 우주복을 입고 활동할 장소는 어떤 환경을 가지고 있을까? 주위 환경의 온도에 따라 우주복을 만드는 재료가 달라진다. 만일 매우 추운 곳이라면 우주복에는 좋은 단열재를 사용하여 우주복의 내부 온도를 높여야 한다.

이 활동에서는 우주복 표면의 색깔에 따라 열을 얼마나 흡수하고 반사시키는지 또 단열시키는지 그 영향을 조사하는 활동이다.

학습목표

어떤 재료가 열을 잘 흡수하고 단열되는지 알 수 있다.

해당학년 : 4~6학년 **소요시간 :** 60분

이것이 필요해요

플라스틱 뚜껑이 있는 캔 3~4개, 온도계 3~4개, 백열등, 페인트나 포스터 물감, 알루미늄 호일, 회색 종이, 여러 가지 천, 시계, 얼음이나 드라이아이스, 송곳 등

핵심단어

흡수 : 외부에 있는 것을 내부로 모아들임
반사 : 한 방향으로 나아가던 것이 물체의 표면에 부딪혀 되돌아 나오는 현상
단열 : 열이 이동하지 못하는 상태

활동 내용

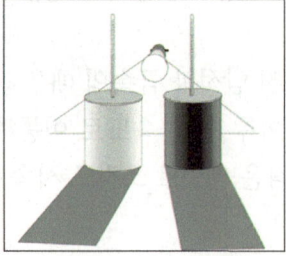

1 색깔 비교하기

- 커피 캔 옆면에 흰색, 검은색, 노란색, 초록색 등 여러 가지 색을 골라 칠한다.
- 플라스틱 뚜껑에 구멍을 뚫어 온도계를 중간 부분까지 넣는다.
- 모든 캔이 똑같이 빛을 받도록 백열등을 놓고, 온도를 계속 기록한다.
- 10분 후에 백열등을 끄고, 다시 온도계를 측정하여 기록한다.

2 단열 비교하기

- 알루미늄 호일, 회색 종이, 여러 가지 천을 작은 봉투 모양으로 접는다.
- 그 안에 각각 온도계를 넣고, 앞 실험과 같이 백열등 앞에서 10분과, 등을 끄고 난 뒤의 온도를 계속 측정, 기록한다.
- 이번에는 색 실험에서 사용했던 캔들을, 얼음이나 드라이아이스가 들어 있는 수조에 넣는다.
- 온도를 10분간 측정한 뒤, 수조에서 뺀 후 다시 측정, 기록한다.

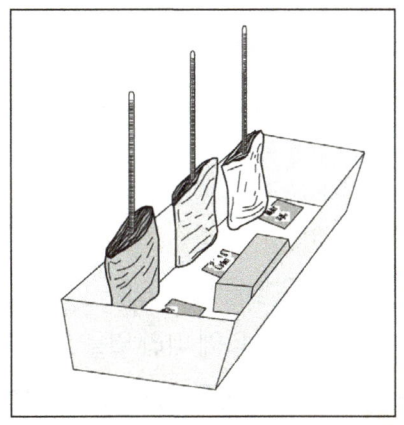

 ## 심화학습

- 여러 가지 잉크로 크로마토그래피 실험을 한다. 각 잉크가 어떤 색상으로 구성되어 있는지 알아본다. 검은 색은 여러 가지 색으로 이루어져 있는데 그 이유는 더 어두운 검은색으로 만들기 위해서이다. 우주 왕복선의 바닥에는 검은색의 코팅된 타일을 사용하여 우주왕복선이 지구 대기 진입시 발생하는 열을 검은색 코팅막이 흡수시킨 후 타일에서 벗겨져 우주선이 고열에 노출되는 것을 방지한다.

 ## 지도상 유의점

- 백열등의 빛을 이용하여 온도를 높일 경우 모든 조건이 동일하게 주어져야 한다.
- 교실에 빛이 잘 들어올 경우, 백열등 대신 햇빛을 사용하는 것도 좋은 방법이다.

우주복

흡수와 단열

학년   반
이름

어떤 재료가 빛을 많이 흡수하고 단열시키는지 알아보자.

같은 빛을 받아도 어떤 색은 빨리 따뜻해집니다. 또 같은 열을 가지고 있어도 어떤 재료로 감싸고 있느냐에 따라 열을 오래 가지고 있기도 하고, 빨리 빼앗기기도 합니다. 어떤 색이 흡수를 가장 잘 하는지, 어떤 재료가 열을 가장 오래 가지고 있는지 알아봅시다.

이것이 필요해요

플라스틱 뚜껑이 있는 캔 3~4개, 온도계 3~4개, 백열등, 페인트나 포스터 물감, 알루미늄 호일, 회색 종이, 여러 가지 천, 시계, 얼음이나 드라이아이스, 송곳 등

생각해요

① 어떤 색의 온도가 가장 높게 나타날까요?

② 어느 재료로 감싼 캔이 열을 가장 오래 간직할까요?

활동순서

① 원하는 색을 골라 캔 옆면에 꼼꼼히 칠합니다.
② 캔의 뚜껑에 송곳으로 구멍을 뚫고 온도계를 중간 부분까지 넣습니다.
③ 캔을 백열등 앞에 놓고 온도계를 관찰합니다.
④ 10분 후에 등을 끄고 다시 온도계를 관찰, 기록합니다.
⑤ 여러 재료를 같은 모양으로 접습니다.
⑥ 그 안에 온도계를 똑같은 위치만큼 넣고 백열등 앞에서 10분, 끄고 난 후 10분 동안 관찰합니다.
⑦ 위에서 실험한 캔들을, 얼음이나 드라이아이스가 들어있는 수조에 넣고 10분, 꺼낸 뒤 10분 관찰한 뒤 기록합니다.

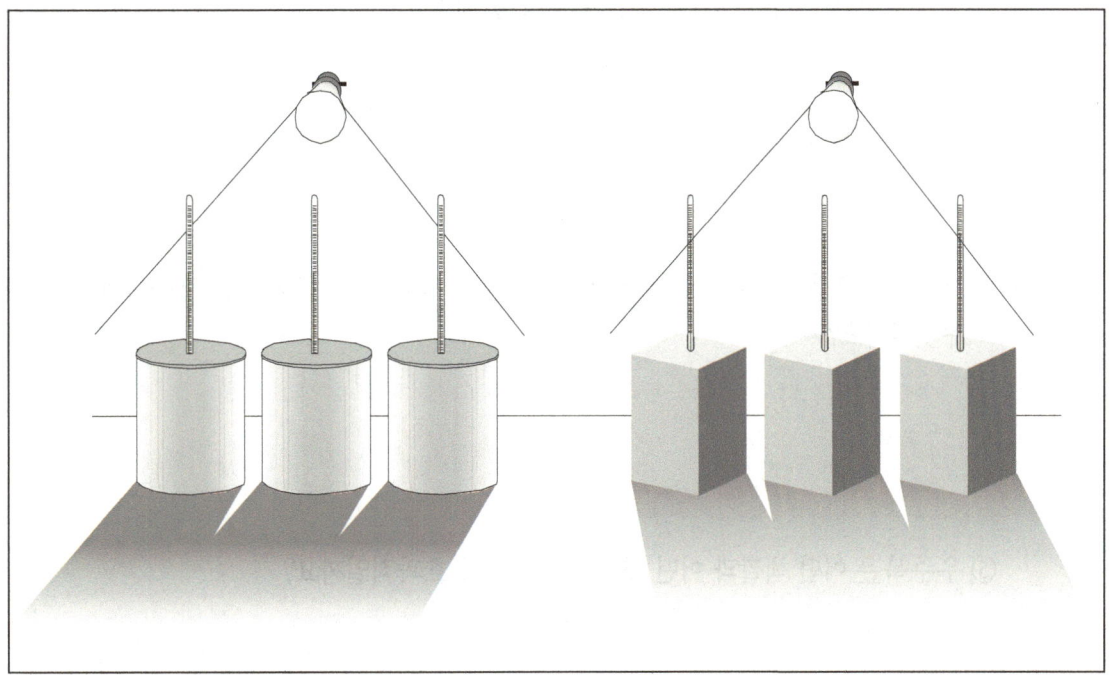

 우주복

 **활동 결과**

① 열을 가장 많이 흡수한 색깔은 어느 색인가요?

② 빛이 없어졌을 때 가장 빨리 온도가 내려간 색은 어느 색인가요? 그 이유는 무엇일까요?

③ 백열등 앞에서 여러 재료로 감싼 뒤 온도를 재었을 때 가장 많이 올라간 재료는 무엇입니까?

④ 백열등과 얼음으로 온도를 조절했을 때 온도변화가 가장 큰 재료는 같습니까? 그 이유는 무엇일까요?

⑤ 우주복은 어떤 색깔과 어떤 재질로 만들어야 효과적일까요?

압력과 우주복

　우주 비행사가 우주에서 활동하기 위해서는 우주복을 입어야 한다. 그 우주복의 중요한 조건 중에 하나는 우주복 내부의 압력을 조절해야 한다. 이 활동에서는 우주복 내부의 압력을 일정하게 유지하면서도 움직이는데 불편함이 없도록 하려면 어떻게 해야 할지 알아보는 활동이다.

학습목표
우주복의 팔 부분을 어떻게 하면 잘 구부러지게 하는지 알 수 있다.

해당학년 : 4 ~ 6학년　　**소요시간 :** 40분

이것이 필요해요
긴 풍선 2개, 고무밴드 3개, 펌프

활동 내용

① 긴 풍선 하나를 불어서 묶는다. 이 풍선은 우주복 팔 부분이다. 학생들에게 풍선 가운데를 구부려 보게 한다.
② 두 번째 풍선을 분다. 풍선에 고무 밴드를 일정한 간격을 두고 끼운 후 풍선을 분다. 다 불어진 풍선을 구부려보게 한다.
③ 두 개의 풍선을 구부릴 때 힘이 얼마나 들어갔는지 비교하게 한다.

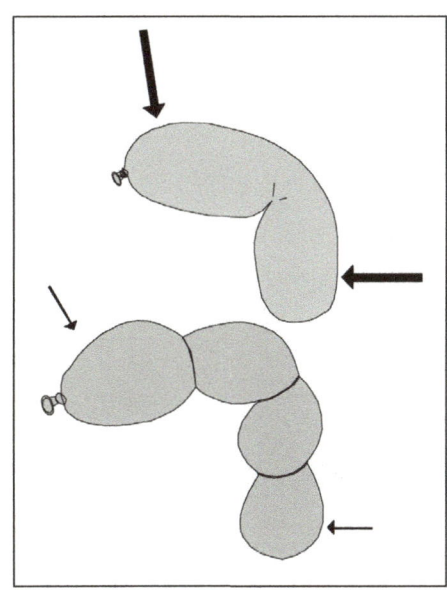

우주복

지도상 유의점

- 고무 밴드를 두 겹으로 끼우면 더 확실한 결과를 얻을 수 있다.
- 두 풍선은 펌프를 이용하여 똑같은 바람을 넣어야 비교실험할 수 있다.

배경지식

- 우주 비행사가 우주에서도 지구와 똑같이 숨 쉬고 활동하기 위해서는 우주복이 중요한 역할을 한다.

특히 이 우주복 내부의 압력을 적절히 유지하는 것은 우주 비행사가 생존하는데 꼭 필요한 요소이다. 이 압력이 부족하면 체액이 기체로 변해 몇 초 이내에 사망하게 된다. 이처럼 생명에 위험이 없도록 하기 위해서는 우주복 내부에 적당한 압력을 유지하는 것이 중요하다.

그러나 이것은 지구 밖에서 활동할 수 있도록 하지만 반면에 다른 문제점을 안고 있다. 우주복이 부풀려지면 구부리기가 매우 어렵다는 것이다. 우주복은 바람이 잔뜩 들어간 풍선 안에 우주 비행사가 들어가 있는 것과 같다. 우주 비행사가 지니고 있는 산소 탱크에서 우주복 안으로 산소가 들어가면 우주복은 산소를 가득 채운 풍선과 같은 상태가 된다. 따라서 우주복 내부의 압력이 증가하게 되고 우주복 자체는 뻣뻣해지며 정상적으로 몸을 구부질 수 없게 된다.

이러한 문제점을 해결하기 위해 우주복 설계사들이 고민한 결과, 우주복의 어느 곳을 더 잘 구부러지는 재질로 만들면 우주복을 쉽게 움직일 수 있다는 것을 알아내게 되었다.

압력과 우주복

학년　반
이름

우주복을 쉽게 구부리려면 어떻게 해야 하는지 알아보자.

산소가 가득 찬 우주복을 입고 움직이려면 우주복을 어떻게 만들어야 하는지 알아봅시다.

 이것이 필요해요

긴 풍선 2개, 고무밴드 3개, 펌프

 **생각해요**

① 바람이 가득 찬 풍선은 무엇을 나타내는 것일까요?

② 두 개의 풍선 중 어느 것이 더 잘 구부러질까요? 그 이유는 무엇일까요?

 활동순서

① 펌프를 이용하여 긴 풍선 하나에 바람을 넣고 묶습니다.
② 풍선 가운데를 구부려 봅니다.
③ 다른 풍선에 고무밴드를 일정한 간격만큼 벌려 끼웁니다.
④ 풍선에 똑같은 횟수의 바람을 넣습니다.
⑤ 풍선을 구부려 봅니다.
⑥ 두 개의 풍선을 구부렸을 때의 힘을 비교해봅니다.

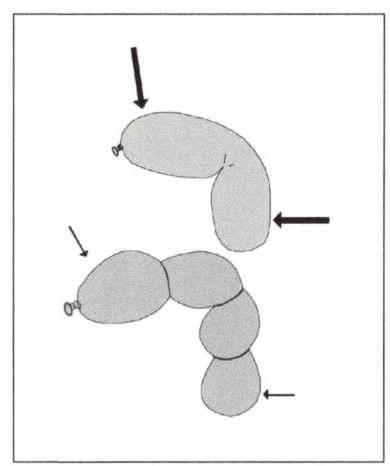

우주복

활동 결과 및 결론

① 이 풍선을 우주복이라고 하면 풍선 안에 있는 기체는 무엇일까요?

② 두 실험을 비교할 때 같아야 할 조건과 달라야 할 조건은 각각 무엇인가요?

③ 실험 결과 우주복을 만들 때 우주복이 잘 구부러지게 하기 위해서는 무엇이 필요할까요?

4. 우주 음식

⭐1 단원 소개

본 단원은 우주공간에서 우주인들이 생활하면서 꼭 필요한 것 중의 하나인 우주음식에 대한 내용이다. 1차시에서는 학생들이 맛 검사단이 되어 우주 비행용 식품의 적합성을 결정해 보는 활동을 하고, 2차시에서는 5일간의 비행 메뉴를 짜고 우주에서 사용할 수 있는 식판을 디자인해 보는 활동을 한다. 3차시에는 과일과 채소의 숙성 속도와 화학적 억제제가 숙성 속도에 끼치는 영향을 알아보고, 4차시에는 우주음식의 포장 및 견과류나 과일류의 음식 쓰레기의 비율을 알아보는 활동을 통해 우주에서 음식 쓰레기의 양을 최소화할 수 있는 방법을 알아보는 활동을 한다.

⭐2 주제 안내

순	주 제	대상학년	소요시간
1	우주 음식 선택	3~5학년	60분
2	음식 계획 및 제공	3~4학년	40분
3	과일과 채소 익히기	4~6학년	60분
4	음식 쓰레기의 양은?	4~6학년	60분

⭐3 지도상 유의점

우주 음식에 관한 활동은 실제 협동 학습에 초점을 맞춘다. 가급적 쉽게 구할 수 있는 저렴한 재료와 도구를 사용한다.

⭐4 배경 지식

탐험가들은 여행할 때마다 충분한 음식을 가져가는 일이 문제였다. 충분한 저장 공간이 필요하고, 여행 기간에 음식이 상하지 않도록 유지해야 하며, 괴혈병 등의 비타민 결핍 질

 우주 음식

병에 걸리지 않도록 모든 영양분도 함유되어 있는 음식을 선택해야 한다.

옛날 사람들은 음식을 건조시켜 먹기 전까지 시원하고 건조한 곳에 보관하면 상하지 않는다는 것을 알게 되었다. 초기의 음식 건조 방식은 고기, 생선 및 일부 과일을 얇게 잘라 햇볕에 말리는 것이었다. 음식에 소금을 바르거나 소금물에 적시는 것도 음식 보존에 도움이 되었다. 이후에는 음식을 조리, 가공, 보존해 밀폐 용기에 보관하는 기법이 개발되었다. 저온 살균과 통조림 기법이 개발되면서 장거리 여행 시 훨씬 더 다양한 음식을 보관하여 가지고 다닐 수 있게 되었다. 좀 더 최근에는 음식의 맛과 영양분을 보존하고 부패도 방지할 수 있는 냉장과 급속 냉동 기법이 사용되고 있다. 우주여행을 할 때 음식 포장은 너무 무겁거나 부피가 커서는 안 된다. 우주의 마이크로중력도 음식 포장에 영향을 준다. 현재 보관 공간이 좁아 냉장 보관도 할 수 없다. 이런 문제를 해결하기 위해 우주 비행용 음식을 준비해 포장, 보관하는 특수 절차가 개발되었다.

음식물 시스템 공학 시설

우주로 싣고 가는 음식물은 텍사스 주 휴스턴에 소재한 NASA 존슨 우주 센터의 음식물 시스템 공학 시설에서 연구, 개발한다. 음식의 영양적 가치, 냉동 건조 상태, 저장 및 포장 과정과 맛을 시험하고, 비행사들에게 시험용 음식의 맛을 물어본다. 간단한 형태를 사용해 제품의 모양, 색상, 냄새, 맛, 질감의 등급을 정하고, 이러한 구성요소의 등급을 수치로 표시한다. 음식물 시스템 공학 시설에서는 비행사들이 매긴 등급을 이용해 더 좋은 우주 음식을 만들게 된다.

음식물 시스템 공학 시설에서 네 사람이 멜론의 "관능 평가"에 참여하고 있다. 이 시설은 주방(사진), 냉동 건조실, 포장실, 분석실, 포장, 조립 및 시식 영역으로 이루어져 있다.

비행사들은 특수 트레이에 음식을 고정해 음식을 준비하고 식사하게 된다. 마이크로중력 환경에서는 모든 것이 떠다니기 때문이다. 식판 디자인은 사용할 음식 포장에 맞게 만들어져 식탁에 부착하게 된다.

우주 음식의 유형

우주 음식은 여덟 가지 범주로 나뉜다.

재수화 가능 음식 : 보관하기 쉽도록 음식에서 물을 제거한다. 이 건조 과정을 냉동 건조라고도 한다. 물은 먹기 전에 음식으로 다시 공급된다. 음식과 음료 모두 포함된다.

- **내열 처리 음식** : 내열 처리 음식은 실온에 보관할 수 있도록 열처리한 것을 말한다. 과일과 생선(참치) 대부분은 캔에 담아 열처리한다. 동네 식료품점에서 구입할 수 있는 과일 통조림에 있는 고리를 당겨 캔을 쉽게 열 수 있다. 푸딩은 플라스틱 컵에 포장된다.

- **중간 수분 음식** : 중간 수분 음식은 제품에 있는 물을 부드러운 질감을 유지할 정도만 남겨두고 빼서 보존한다. 이렇게 하면 준비 과정 없이 먹을 수 있다. 이런 음식으로는 말린 복숭아, 배, 살구, 쇠고기 육포가 있다.

- **자연 형태 음식** : 이 음식은 부드러운 파우치에 포장되어 쉽게 먹을 수 있는 것으로 견과류, 크래놀라 바, 쿠키 등이 그 예이다.

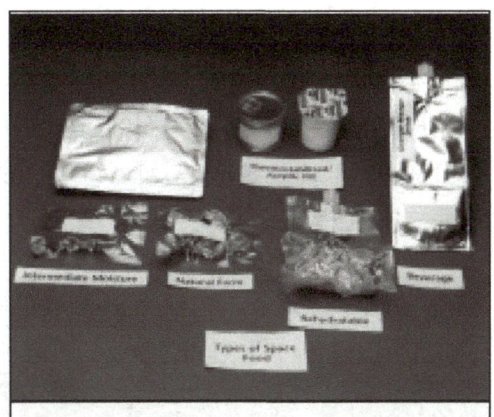

우주 왕복선 음식은 몇 가지 범주로 나뉜다. 대표적인 것이 내열 처리, 중간 수분, 재수화, 자연 형태, 음료이다.

- **방사선 조사 음식** : 비프스테이크와 훈제 칠면조가 현재 사용되고 있는 유일한 방사선 조사 식품이다. 이런 식품은 조리하여 연성 포일 파우치에 포장한 후 실온에 보관할 수 있도록 이온 방사선으로 살균한다. 이 외에도 ISS에서 먹을 방사선 조사 식품이 개발 중이다.

- **냉동 음식** : 이 음식은 급속 냉동을 통해 커다란 얼음 결정이 생기는 것을 막는다. 이렇게 하면 음식 고유의 질감이 유지되어 맛이 신선하다. 키시, 캐서롤 요리, 치킨 팟 파이가 이 음식의 예이다.

- **신선 음식** : 이것은 가공이나 인공 보존 처리를 하지 않은 음식으로, 사과와 바나나가 그 예이다.

- **냉장 음식** : 이 음식은 상하지 않도록 저온에 보관해야 한다. 크림 치즈와 사워 크림이 그 예이다.

마이크로중력

음식과 그 포장 및 섭취 방법은 우주 특유의 마이크로중력 환경의 영향을 크게 받는다. 마이크로중력 환경은 중력의 효과가 크게 줄어든 환경으로 우주선이 지구 궤도를 돌 때 발생한다. 우주 왕복선을 발사할 때 사탕 한 줌이 둥둥 뜨는 것을 마이크로중력에서 흔히 볼 수 있다. 이 때문에 우주 왕복선이나 음식물 시스템 공학 시설에서 음식물이 돌아다니지 않도록 음식을 포장해 공급한다. 음식물 부스러기와 액체 방울은 장비를 손상시키거나 흡입될 수 있다. 대부분의 음식은 액체와 함께 포장한다.

액체는 음식물을 접착시키는데, 이 접착성 때문에 용기에서 꺼내도 하나의 큰 덩어리로 뭉쳐 있다. 기름종이 위의 물방울과 비슷하지만 우주 왕복선의 마이크로중력 환경에서는 이 물방울이 움직인다는 점에서만 차이가 있다. 특수 빨대를 사용해 액체를 마신다. 이 빨대에는 먹지 않을 때 모세관 작용과 표면 장력으로 인해 액체가 새어 나오지 않도록 닫을 수 있는 조임 장치가 있다.

마이크로중력 때문에 식기구가 둥둥 뜨기도 한다. 사용하지 않는 동안에는 칼, 포크, 스푼, 가위를 식판에 있는 자석에 고정한다. 마이크로중력의 효과는 우주 음식 포장 개발, 음식 선택 및 관련 음식물 시스템 요건에 커다란 영향을 끼쳤다.

우주 음식 선택

학생들이 맛 검사단이 되어 우주비행용 식품의 적합성을 알아보도록 하는 활동이다. 비행사들은 비행 약 5개월 전에 우주에서 자신이 먹을 메뉴를 선택한다. 자신의 메뉴를 선택할 때 다양한 음식을 맛볼 수 있도록 전문 맛 검사단이 구성되어 음식의 모양, 색, 냄새, 맛, 질감을 시험한다. 따라서 비행사들은 우주로 나가기 전에 음식이 입에 맞는지 여부를 알 수 있다. 이 맛 검사단은 입에 맞는 메뉴를 선택하는 데 도움을 주어 비행사들이 좋아하지 않아 먹지 않거나, 일부만 먹어 발생하는 음식 쓰레기양을 줄여주게 된다.

 학습목표

학생들이 우주 음식 맛 검사단이 되어 우주 비행용 식품의 적합성을 결정할 수 있다.

 해당학년 : 3 ~ 5학년   **소요시간 :** 60분

 이것이 필요해요

식판, 종이 접시, 작은 종이컵, 음식 샘플(부록에 있는 메뉴 목록), 음료 샘플(부록에 있는 메뉴 목록), 물, 크래커, 맛 검사단 평가 양식, 맛 검사단 절차와 기술적 의견 양식

 이렇게 준비해요

샘플로 사용할 음식 및 음료는 미리 준비해 오도록 한다.

 핵심단어

재수화 : 물을 가하여 건조식품을 원상으로 돌아가게 함.

 활동 내용

① **미리 준비하기**
- 샘플로 사용할 음식 및 음료와 맛 검사단 평가 양식을 준비해 둔다.

2 도전과제 소개하기
- 이 활동은 음식 선택 과정에 직접 참여하여 우주 비행용 식품으로 적당한지 결정해 보는 것이다.

3 도전과제 실험하기
- 준비된 음식의 수에 따라 학생들을 몇 개의 그룹으로 나눈다. 이 그룹이 전문가 그룹이 되며, 각 그룹은 한 가지 유형의 우주 음식을 받는다.
- 각 그룹은 자신의 특정 그룹에서 다양한 음식을 맛보는 일을 담당한다. 이들은 모양, 색, 냄새, 맛, 질감에 대해 등급을 매겨 맛 검사단 평가 양식을 작성하고, 학생들은 양식 하단에 나오는 점수로 이러한 항목의 등급을 매긴다.
- 그룹은 주어진 각 음식의 점수를 합산해 양식에 기재한다. 6점 이하의 점수를 받은 항목은 그 이유를 설명하는 의견을 작성해야 한다. 나머지 항목은 각각의 장점을 설명해야 한다. 사용할 수 있는 설명의 목록을 브레인스토밍 방식으로 토의한다.

4 실험결과 토의하기
- 우주로 가져가고 싶은 우주 음식으로 어떤 것이 있나요?
- 각 음식 유형 중 가장 높은 점수를 받은 항목과 그 이유는 무엇인가요?
- 각 음식 유형 중 가장 낮은 점수를 받은 항목과 그 이유는 무엇인가요?
- 우주로 가져가기 전에 음식을 시험해야 하는 이유가 무엇이라고 생각합니까?

지도상 유의점
- 음식이 맘에 들지 않는 경우 목록에서 해당 항목을 삭제한다.
- 음식 맛을 볼 때 같은 그룹 학생들과 음식에 대해 이야기하지 않는다.
  학생 각자가 평가한 후 비교해야 한다.
- 필요할 경우 음식 샘플 시식 사이에 물과 크래커를 먹어 입안에 남아 있는 맛을 없앤다.
- 여기에 준비하는 음식의 대부분은 동네 식료품점에서 볼 수 있는 것으로 한다.

평가
- 맛보기, 평가, 계산 작업을 모두 마친 후 각 그룹은 간단히 발표하도록 한다.

심화학습
- 학생들에게 평가 양식을 사용해 자신의 식사를 선택하게 한다.
- 맛 검사단 평가 양식에 나오는 설명어를 사용하여 맛을 본 음식에 관해 한 문단을 작성한다.

♣ 부록 A: 우주 왕복선의 기본적인 음식&음료 목록

약어
A/S 인공 감미료
(B) 음료
(FF) 신선 음식
(IM) 중간 수분
(I) 방사선 조사
(NF) 자연 형태
(R) 재수화
(T) 내열 처리

쇠고기, BBQ 소스 포함(T)
쇠고기, 건조(IM)
쇠고기 패티(R)
비프스테이크(I)
쇠고기 스트로가노프, 누들 포함(R)
쇠고기 탕수육(T)
쇠고기 팁, 버섯 포함(T)

빵(FF)
브렉퍼스트 롤(FF)
브라우니(NF)

사탕,
코팅 초콜릿(NF)
코팅 땅콩(NF)
껌(NF)
라이프세이버(NF)

시리얼,
브랜 첵스(R)
콘플레이크(R)
그래놀라(R)
그래놀라, 블루베리 포함(R)
그래놀라, 건포도 포함(R)
그리츠, 버터 포함(R)
오트밀, 황설탕 포함(R)
오트밀, 건포도 포함(R)
라이스 크리스피(R)

체다 치즈 스프레드(T)
닭고기, 구운 닭고기(T)
치킨 샐러드 스프레드(T)
닭고기 탕수육(R)

치킨 테리야키(R)

쿠키,
버터(NF)
쇼트브레드(NF)

크래커, 버터(NF)

달걀,
스크램블드 에그(R)
멕시칸 스크램블드 에그(R)
양념 스크램블드 에그(R)
프랑크푸르트 소시지(T)

과일,
사과, 그래니 스미스(FF)
사과, 레드 델리셔스(FF)
사과 소스(T)
건살구(IM)
바나나(FF)
칵테일(T)
오렌지(FF)
복숭아 암브로시아(R)
깍둑썰기한 복숭아(T)
말린 복숭아(IM)
말린 배(T)
깍둑썰기한 배(IM)
파인애플(T)
딸기(R)
고프(IM)

그래놀라 바(NF)

햄(T)
햄 샐러드 스프레드(T)

젤리,
사과(T)
포도(T)
마카로니 치즈(R)
치킨 누들(R)

 우주 음식

견과류, 아몬드(NF)
캐슈(NF)
마카다미아(NF)
땅콩(NF)
고프(IM)

땅콩버터(T)

감자 그라탱(R)

푸딩,
바나나(T)
버터스카치(T)
초콜릿(T)
타피오카(T)
바닐라(T)

닭볶음밥(R)
라이스 필라프(R)

연어(T)

소시지 패티(R)

새우 칵테일(R)

수프, 닭고기 콩소메(B) 버섯(R)
닭볶음밥(R)

스파게티, 미트 소스 포함(R)

토르티야(FF)

참치, 참치(T)
참치 샐러드 스프레드(T)

칠면조, 칠면조 샐러드 스프레드(T)
칠면조, 훈제(I)
칠면조 테트라치니¤

채소, 아스파라거스(R)
브로콜리 그라탱(R)
당근(FF)
콜리플라워, 치즈 포함(R)
셀러리 줄기(FF)
깍지 콩 브로콜리(R)

깍지 콩/버섯(R)
이탈리아 요리(R)
시금치, 크림(R)
토마토와 가지(T)

음료(B)
사과 주스
체리 음료, A/S 포함

코코아

커피,
블랙
A/S 포함
크림 포함
크림과 A/S 포함
크림과 설탕 포함
설탕 포함
커피(디카페인),
블랙
A/S 포함
크림 포함
크림과 A/S 포함
크림과 설탕 포함
설탕 포함
커피*(코나)
블랙
A/S 포함
크림 포함
크림과 A/S 포함
크림과 설탕 포함
설탕 포함

포도 음료수: 포도 음료수, A/S 포함

그레이프프루트 음료수

인스턴트 브렉퍼스트, 초콜릿 딸기 바닐라

레모네이드 : 레모네이드, A/S 포함
레몬 - 라임 음료

오렌지 음료수 : 오렌지 음료수, A/S 포함
오렌지 - 그레이프프루트 음료수
오렌지 주스
오렌지 - 망고 음료
오렌지 - 파인애플 음료

국제 우주 정거장 표준 메뉴
(30일 중 4일 메뉴)

첫째 날	둘째 날	셋째 날	넷째 날
식단 A	**식단 A**	**식단 A**	**식단 A**
스크램블드 에그 해시, 베이컨 포함, 브라운스, 소시지 토스트 마가린 모둠 젤리 사과 주스 커피/차/코코아	차가운 시리얼 과일 요구르트 비스킷 마가린 모둠 젤리 우유 크랜베리 주스 커피/차/코코아	프렌치 토스트 캐나다 베이컨 마가린 시럽 오렌지 주스 커피/차/코코아	죽 시나몬 롤 우유 포도 주스 커피/차/코코아
식단 B	**식단 B**	**식단 B**	**식단 B**
오븐 구이 닭고기 마카로니와 치즈 전립옥수수 복숭아 아몬드 파인애플-그레이프프루트 주스	브로콜리크림수프 쇠고기 패티 치즈 슬라이스 샌드위치빵 프레첼 말린 사과 바닐라 푸딩 초콜릿 인스턴트 브렉퍼스트	치즈 마니코티 토마토 소스 포함 마늘빵 베리 메들리 쿠키 쇼트브레드 레모네이드	키시 로렌 양념 라이 크리스피 신선한 오렌지 버터 쿠키
식단 C	**식단 C**	**식단 C**	**식단 C**
쇠고기 파히타 스페니시 라이스 토르티야 칩 피칸테 소스 칠리 콘 케소 토르티야 레몬 바 사과 주스	살짝 튀긴 생선 타르타르 소스 레몬 주스 파스타 샐러드 깍지 콩 빵 마가린 엔젤 푸드 케이크 딸기 오렌지 - 파인애플 음료수	칠면조 가슴살 으깬 고구마 아스파라거스 팁 옥수수빵 마가린 호박 파이 체리 음료수	완탄 수프 치킨 테리야키 청경채 볶음 달걀말이 뜨거운 중국식 머스터드 (Hot Chinese Mustard) 탕수 소스 바닐라 아이스크림 포춘 쿠키 차

우주 음식 선택

학년   반
이름

 **도전 과제** 우주 비행용 음식으로 알맞은 것을 찾아봅시다.

높은 점수 : 9-매우 좋다.   중간 점수 : 6-약간 좋다.   낮은 점수 : 3-보통으로 싫다.
8-많이 좋다.   5-좋지도, 싫지도 않다.   2-많이 싫다.
7-보통으로 좋다.   4-약간 싫다   1-매우 싫다.

항목				
모양				
색				
냄새				
맛				
질감				
전체				
의견				

◆ **맛 검사단에서 식품 등급을 매길 때에는 다음 절차를 따르도록 한다.**

1. '좋다'와 '싫다' 같은 개인적인 기호보다는 식품의 품질에 중점을 둔다.
2. 개인적 기호 때문에 정말 싫은 식품은 등급을 매기지 않는다.
3. 범주에서 6점 이하의 받은 식품은 그 이유를 작성한다.
4. 전체 등급은 식품에 대한 전반적인 인상으로, 나머지 범주의 평균일 필요는 없어도 나머지 범주와 일관성은 유지해야 한다.
5. 평가 중에 다른 검사자와 이야기하지 않는다.
6. 평가를 실시하기 60분 전부터는 음식물 또는 음료 섭취를 삼간다.
7. 필요할 경우 샘플 시식 사이사이에 물이나 크래커로 입안에 남아 있는 맛을 없앤다.
8. 맛 검사단에 대해 궁금한 점은 검사단을 인솔하는 사람에게 묻는다.

◆ **음식 샘플의 속성을 기술할 때 아래 목록을 사용해도 좋다. 6.0 이하 점수는 그 이유를 설명하는 기술적 의견을 작성해야 한다.**

맛/냄새	질감	색/모양
쓰다 달다 시다 짜다 산화되었다 악취가 난다 상했다 아무 맛도 없다 금속 맛이 난다 맛이 없다 곰팡이 냄새가 난다 발효되었다 꽃 향기가 난다	바삭하다 말랑말랑하다 딱딱하다 끈끈하다 거칠다 질기다 단단하다 곱다 굵다 끈적끈적하다 울퉁불퉁하다 걸쭉하다 풀 같다 탄력이 있다 끈적인다 뻣뻣하다 부드럽다 기름지다 촉촉하다	밋밋하다 윤기가 흐른다 반짝인다 선명하다 밝다 진하다 기름지다 번질번질하다 탁하다 오래되었다 엷다

음식 계획 및 제공

우주 비행사들은 우주 특유의 마이크로중력 환경 때문에 특수 식판을 사용한다. 이 식판은 음식을 준비하고 식사하는 동안 모든 것을 고정하도록 설계되었다. 우주 왕복선에서 사용되는 식판은 위에 끈이 있어서 비행사들이 벽이나 자신의 다리에 부착하여 고정할 수 있다. 그리고 음식과 음료 포장을 부착하는 벨크로 테이프도 있다. 이번 시간은 학생들이 직접 비행 메뉴를 짜 보고 우주에서 사용할 수 있는 식판을 디자인해 보는 활동이다.

 **학습목표**

우주 왕복선에 먹을 비행 메뉴를 짜고 우주에서 사용 할 수 있는 식판을 디자인할 수 있다.

 해당학년 : 3~6학년    **소요시간 :** 40분

 이것이 필요해요

USDA 식품 안내 피라미드, 음식 그룹과 일일 권장 식단표, 잡지와 광고에 나오는 음식 사진, 도화지, 색연필 등
식판 만들 재료 : 상자, 마분지, 벨크로 테이프, 자석, 포일, 나무, 도화지, 풀 등

 **이렇게 준비해요**

잡지와 광고에 나오는 음식 사진을 사용해 메뉴를 짤 수 있게 한다.

 활동 내용

① 도전과제 실험하기
- 식품 안내 피라미드를 이용해 식사의 영향 균형을 맞출 수 있도록 비행사들의 일일 권장량을 충족하는 음식을 선택한다.
- 비행사가 먹을 영양적으로 균형 잡힌 5일간의 메뉴를 짠다.
- 식사를 고정할 식판을 설계하고 만든다.

② **실험결과 토의하기**
- 우주에서 식사할 때 어떤 문제가 생길 수 있을까요?
- 우주 음식을 차리는 다른 방법은 없을까요?
- 비행사들이 일일 권장 칼로리 및 영양 섭취량을 먹어야 하는 이유는 무엇인가요?

 ## 지도상 유의점

- 학년 수준에 따라 잡지와 광고에 오려낸 사진을 도화지에 붙여 우주 왕복선 식판처럼 만들어도 좋다.
- 비행사는 활동 수준과 건강을 유지할 수 있는 일일 권장 칼로리를 섭취해야 한다는 것을 강조한다.
- 다양한 음식 유형과 포장을 고정할 수 있는 특수 식판은 마이크로중력 환경에서 음식이 떠다니는 것을 막아준다는 것을 알도록 설명한다.

 ## 평가

- 계획한 식사가 영양적으로 균형이 잡혔는지 확인한다.
- 각 식판의 디자인과 유용성을 평가한다.

- 학생들이 실제 음식 용기의 음식 사진을 오려 우주 왕복선 음식용 지퍼락 봉지에 재수화(건조) 음식을 넣는다. 냉동 음식은 냉동 음식 포장의 음식 사진을 오려 재활용 플라스틱 냉동 음식 용기에 넣는다.
- 학생들이 직접 설계하여 만든 식판을 사용하여 우주 점심 식사를 계획하고 준비하게 한다.

 배경지식

◆ USDA 식품 안내 피라미드

출처: 미 농무부/보건사회복지부

◆ 음식 그룹과 일일 권장 식단표

음식 그룹	일일 권장 식단표
곡물(빵, 시리얼, 쌀, 파스타)	6~11인분
과일	2~4인분
채소	3~5인분
육류(육류, 가금류, 생선, 달걀, 견과류)	2~3인분
유제품(우유, 요구르트, 치즈)	2~3인분
오일(지방, 단 음식)	소량 사용

음식 계획 및 제공

학년　반
이름

도전 과제 우주 비행사의 음식 메뉴를 짜고 식판도 디자인 해 보세요!

◉ 우주 비행사의 음식 메뉴

1일차	
2일차	
3일차	
4일차	
5일차	

◉ 식판 디자인 꾸미기

 우주 음식

과일과 채소 익히기

　특정 과일이나 채소를 얇게 썰거나 공기에 노출되면 노출된 면이 갈색으로 변한다. 신선 처리된 과일 및 채소에 사용할 수 있는 가공 기법은 많이 있다. 이 활동은 이러한 처리들 중 하나, 즉 화학적 억제제를 사용하여 음식 쓰레기가 남지 않는 1회분 식사로 잘게 썬 과일과 채소를 포장하는 방식에 초점을 맞춘다.

 학습목표

공기에 노출된 과일 및 채소의 숙성 속도와 화학적 억제제가 숙성 속도에 끼치는 영향을 비교, 대조할 수 있다.

 해당학년 : 4~6학년　　 **소요시간** : 60분

 이것이 필요해요

증류수, 사과, 바나나 등의 과일, 당근, 셀러리 줄기 등의 채소, 비타민 C 정제, 얕은 플라스틱 볼(그릇, 바가지), 칼, 큰 스푼, 종이 접시

 **활동 내용**

1 도전과제 실험하기

- 깊이가 얕은 볼 두 개에 물을 붓는다. 비타민 C 정제를 볼 하나에 녹이고 다른 볼은 그대로 둔다.
  　첫 번째 볼에 "비타민 C"표지를 붙이고 두 번째 볼에는 그냥 "물"표지를 붙인다.
- 과일을 쐐기 모양의 여섯 조각으로 자른다.
- 두 조각을 준비한 액체에 각각 넣는다. 각 조각을 액체에 10분 동안 푹 담근다.
- 스푼으로 각 조각을 꺼내 표지를 붙인 종이 접시에 놓는다.
- 두 조각을 '미처리' 표지를 붙인 종이 접시에 놓는다.
- 잘린 표면 전체가 공기에 노출되도록 조각을 배치한다.
- 시험할 각 과일과 채소로 2~6단계를 반복한다.
- 세 접시 모두 한 시간 동안 두고 갈색으로 변하는 것을 관찰한다.
- 다양한 도구(자, 제곱센티미터 모눈종이, 포일 등)를 사용하여 과일과 채소의 노출로 색깔이 변한 면적을 측정한다.

2 실험결과 토의하기

- 가장 많이 갈색으로 변한 것은 어느 것입니까?
- 갈색으로 변한 정도가 가장 작은 것은 어느 것입니까?
- 과일과 채소 보존에 사용할 수 있는 다른 화학적 억제제는 어떤 것이 있을까요?
- 우주 비행에 가장 적합한 과일 및 채소 포장법은 어떤 것이 있을까요?

평가

- 학생들은 실험 결과를 그래프와 차트를 이용하여 발표한다.

심화학습

- 물속 비타민 C의 양이 과일과 채소의 색깔이 변하는 속도에 영향을 미칠까? 물속에서 비타민 C 정제 반 알, 한 알, 두 알을 사용해 이 가설을 시험해 본다.
- 온도가 과일 및 채소 색깔이 변하는 속도에 영향을 끼칠까? 이 실험을 다시 하는데, 이번에는 냉장고와 따뜻하고 어두운 곳에 같은 시간 동안 놓아둔다.
- 레몬주스로 실험을 한 번 더 반복하여 레몬주스가 색깔이 변하는 데 영향을 주는지 알아본다.
- 진공 펌프를 사용해 신선한 과일이 공기에 노출되지 않도록 한다(진공 밀봉).
  색깔이 변하는 속도를 관찰한다.
- 잘게 썰고 속심과 껍질을 제거하는 것은 1회분 식사 제공하고 음식 쓰레기를 제거하는 방법이다.
  사과와 오렌지를 잘게 썰고, 속심과 껍질을 제거하여 무게와 부피가 줄어드는지 확인한다.

배경지식

　우주 왕복선 음식은 발사 약 1개월 전에 포장해서 텍사스 주 휴스턴의 존슨 우주 센터에 있는 음식 로커에 넣어 두거나 냉동한다. 발사 약 3주 전에 발사 현장으로 운송하여 그 곳에서 냉동했다가 발사 2, 3일 전에 왕복선에 싣는다. 음식과 보조 식료품 음식 로커 외에 신선 음식 로커를 포장하여 발사 18~24시간 전에 왕복선에 싣는다. 신선 음식 로커에는 토르티야, 신선한 빵, 브렉퍼스트 롤, 사과, 바나나, 오렌지 등의 신선한 과일과 당근, 셀러리 줄기 등의 신선한 채소가 들어 있다. 우주 비행을 하는 동안 신선 과일과 채소는 냉장고가 없어 저장 기간이 짧으므로 비행 후 첫 7일 이내에 먹어야 한다. 국제 우주 정거장 안에는 냉장고가 있으며, 정거장에서 먹을 냉장 식품에는 신선 처리 과일 및 채소가 포함된다.

　신선 처리 과일 및 채소에 사용할 수 있는 가공 기법은 많이 있다. 바나나, 사과, 배, 복숭아 같은 음식은 쉽게 색이 변한다. 공기 노출을 막거나 음식에 비타민 C 처리를 하여 색이 변하는 것을 막는다.

 ## 음식 쓰레기의 양

우주 왕복선과 국제 우주 정거장 음식 목록에는 쓰레기양을 줄이기 위해 껍질을 벗긴 견과류와 미리 잘게 자른 과일이 포함되어 있다. 우주 비행용으로 선택한 음식에서 사용 가능한 부분과 사용할 수 없는 부분을 알아보고 우주 음식에서 쓰레기를 최소화할 수 있도록 계획해보는 활동이다.

 ### 학습목표

우주 비행용으로 포장하기 전후에 음식 포장의 질량과 부피를 측정하고, 선택한 음식에서 사용할 수 있는 부분과 사용할 수 없는 부분을 결정할 수 있다.

 해당학년 : 5~6학년   **소요시간 :** 60분

 ### 이것이 필요해요

시리얼 박스 등의 시판용 음식 상자, 껍질을 제거한 견과류(아몬드, 땅콩 등), 신선 과일(사과, 귤 등), 전자저울, 분동, 샌드위치 지퍼락 비닐백, 자, 계산기, 학생용 데이터 시트

 ### 활동 내용

1 도전과제 실험하기

- 식료품점 포장 쓰레기를 최소화하기

1. 포장 무게를 측정한다.
2. 음식 포장의 질량과 부피를 계산한다.
3. 포장을 열고, 내용물을 꺼낸 후 샌드위치 지퍼락 비닐 백에 넣고 포장에서 공기를 최대한 제거한다.
4. 새 포장 무게를 측정한다.
5. 새 포장의 부피를 측정한다.
6. 질량 손실 비율을 계산한다.
7. 부피 손실 비율을 계산한다.

- 10가지 견과류 중 사용 가능한 부분과 사용할 수 없는 부분을 결정하기
  (10가지 견과류를 사용하고, 10으로 나누어 견과류 하나의 양을 계산)
1. 10가지 견과류의 무게를 측정한다.
2. 견과류 껍질을 벗겨 먹을 수 있는 부분의 무게를 측정한다.
3. 껍질을 모아 무게를 측정한다.
4. 먹을 수 있는 부분의 비율을 계산한다.
5. 먹을 수 없는 부분의 비율을 계산한다.

- 과일에서 먹을 수 있는 부분과 먹을 수 없는 부분을 결정하기
1. 과일 무게를 측정한다.
2. 과일의 껍질과 속심을 제거한다.
3. 과일의 먹을 수 있는 부분의 무게를 측정한다.
4. 과일의 껍질과 속심 무게를 측정한다.
5. 먹을 수 있는 부분의 비율을 계산한다.
6. 먹을 수 없는 부분의 비율을 계산한다.

2 실험결과 토의하기
- 포장 때문에 무게 차이가 얼마만큼 발생되었는가? 또, 부피 차이는 얼마만큼 발생되었는가?
- 음식에서 먹지 않는 부분을 제거한 후에 무게가 크게 감소했는가?
- 무게가 가장 많이 줄어든 식품은 무엇인가? 음식의 포장 때문인가, 음식에서 먹을 수 없는 부분 때문인가?

평가

- 작성된 학생용 데이터 시트를 수집하고 계산이 정확한지 확인한다.
- 학급 토의를 통해 음식에서 사용 가능한 부분과 사용할 수 없는 부분을 결정한다.

심화학습

- 먹을 수 없는 부분이 있는 다른 유형의 음식을 찾아보게 한다.
- 과일 주스는 국제 우주 정거장 음식 목록에 포함되어 있다. 선택한 과일로 주스를 만든 후 먹을 수 있는 주스의 양을 계산한다.

주스 비율(%) = 액체 질량/전체 질량 x 100

배경지식

우주 음식 포장의 원래 디자인은 무게가 가벼웠고 마이크로중력에서 쉽게 다룰 수 있었으며 최소한의 저장 공간만 필요했다. 이러한 사양은 모든 우주선 시스템에 최적의 수명을 지원한다. 즉, 최소 무게와 부피, 최소 전력 사용량, 신뢰성, 유지관리 편의성, 환경 적합성, 다른 시스템과의 통합, 승무원 적합성에 부합되는 것이다.

우주선 설계가 향상됨에 따라 비행 기간은 길어지고, 승무원 및 화물 적재 능력은 커지고, 음식 적재 목록이 크게 좋아졌다.

궤도의 쓰레기 증가 문제 때문에 우주로 버려지는 유일한 물질은 우주 왕복선 연료 전지로 생성되는 남는 물이다. 기내 쓰레기 오염도 우주 비행의 문제 중 하나이다. 우주 왕복선에는 쓰레기 압축기가 있으며, 국제우주정거장에도 이것을 설치할 계획이다.

음식 쓰레기의 양

학년   반
이름

도전 과제

1. 우주 비행용으로 다시 포장하기 전후에 음식 포장의 질량과 부피를 측정하여 차이를 알아봅시다.
2. 견과류와 과일에서 먹을 수 있는 부분과 버려지는 부분의 비율을 알아봅시다.

◉ 식료품점 포장의 질량 최소화

1. 감소한 질량의 비율 계산

$$감소한\ 질량의\ 비율(\%) = \frac{식료품점\ 포장질량 - 우주\ 포장질량}{식료품점\ 포장\ 질량} \times 100$$

2. 감소한 부피의 비율 계산

$$감소한\ 부피의\ 비율(\%) = \frac{식료품점\ 포장부피 - 우주\ 포장부피}{식료품점\ 포장\ 부피} \times 100$$

식료품 종류	1.	2.
감소한 질량의 비율		
감소한 부피의 비율		

◉ 10가지 견과류에서 사용 가능한 부분과 사용할 수 없는 부분 결정

1. 먹을 수 있는 부분의 비율 계산

$$먹을\ 수\ 있는\ 부분의\ 비율(\%) = \frac{먹을\ 수\ 있는\ 질량}{전체\ 질량} \times 100$$

2. 먹을 수 없는 부분의 비율 계산

$$\text{먹을 수 없는 부분의 비율(\%)} = \frac{\text{껍질 질량}}{\text{전체 질량}} \times 100$$

견과류 종류									
먹을 수 있는 부분의 비율(%)									
먹을 수 없는 부분의 비율(%)									

⊙ 신선 과일의 먹을 수 있는 부분과 먹을 수 없는 부분 결정

1. 신선 과일에서 먹을 수 있는 부분의 비율 계산

$$\text{먹을 수 있는 부분의 비율(\%)} = \frac{\text{먹을 수 있는 질량}}{\text{전체 질량}} \times 100$$

2. 신선 과일에서 먹을 수 없는 부분의 비율 계산

$$\text{먹을 수 없는 부분의 비율(\%)} = \frac{\text{껍질 속심 질량}}{\text{전체 질량}} \times 100$$

신선 과일 종류	1.	2.
먹을 수 있는 부분의 비율(%)		
먹을 수 없는 부분의 비율(%)		

우주과학 (초등용)

초판 1쇄 인쇄　2025년 10월 20일
초판 1쇄 발행　2025년 10월 28일

저　자　　교육부, 한국항공우주연구원

발행인　　김갑용
발행처　　진한엠앤비
주　소　　서울시 서대문구 독립문로 14길 66 205호(냉천동 260)
전　화　　02) 364 - 8491
팩　스　　02) 319 - 3537
홈페이지주소　http://www.jinhanbook.co.kr
등록번호　제25100-2016-000019호 (등록일자 : 1993년 05월 25일)
　　　　　　ⓒ2025 jinhan M&B INC, Printed in Korea

ISBN　　979-11-290-6179-9　(93550)　　정 가 15,000원

이 책에 담긴 내용의 무단 전재 및 복제 행위를 금합니다.
잘못 만들어진 책자는 구입처에서 교환해 드립니다.